卡耐基全集 07

人际交往心理学

【美】戴尔·卡耐基 / 著

张慧 / 译著

九州出版社
JIUZHOUPRESS

前　言

卡耐基是人际关系学大师，西方现代人际关系教育的开创者，他对人际关系学的研究可谓精深独到，其研究成果受到了世人的认可和高度赞扬。他的人际关系心理学理论精华很多都隐藏在他的作品《人性的弱点》《人性的优点》《美好的人生》《人性的光辉》中。

卡耐基的人际交往理论与他圆满解决人际关系的成功经验紧密相连，其中，既有他对自己亲身经历的感悟总结，又有他为各方人士开出的心理解忧妙方。无论是对亲身经历的感悟总结，还是为各方人士开出的心理解忧妙方，它们的核心部分自始至终都贯穿着他质朴的人际关系心理学理论。

卡耐基交际心理学最重要的理论基石是人性研究成果，他花费了大量的时间和精力对人性问题进行了深入、细致、精到的研究，运用心理学和社会学知识，对人类共同的心理特点进行探索和分析，最终开创出一种独特的融演讲、为人处世、智能开发于一体的成人教育方式。该教育方式以人性为出发点，深度剖析人在交往中的内心世界。

以人性为核心的交际心理学是帮助人们良好交往的理论指导

术，几乎适用于每一个有正常心理状况的人，具有极为广泛的适用性。

卡耐基交际心理学涵盖的理论内容深邃，不过卡耐基先生却借助具体的事例深入浅出地将其中的思想内核娓娓道来，让人毫不费力地理解、领会，这完全归功于他对自己的这套理论驾轻就熟的掌控和他强大的文字表达功底。

卡耐基人际交往心理学内容较多，本书择取其中精华，编译成册。在编译的过程中尽量保持作品原貌，以最大程度展现大师思想精髓，帮助读者匡正自己的人际观点，拓宽人际交往。

目　录

第六篇 | **维系婚姻和谐的心理法则**

第一篇

让自己受欢迎的心态修炼

改变做事的态度

我常常听人说起，成功的思想使人成功，快乐的思想会让人快乐。这就是思想的力量。一种思想有时就会改变现实，这是一种戏剧化的技巧，或许听起来让人难以相信，但是能否把敌意转化为积极的力量，会决定我们成为一个什么样的人。谁也不可否认，你自己就是你思想的产物。

大多数的人都认为外界的事情很容易对一个人的心情产生影响。其实恰恰相反，我们对于事件的反应是正面的或者是负面的，才是决定我们是否快乐的最重要的因素。

马歇尔·科林和默琳·柯庚夫妇在经济上和副业上颇有成就。马歇尔先生是一家在纽约很有声望的投资银行的合伙人。默琳是《艺术拍卖品》杂志的主编，担任这个职位可是未来的家喻户晓的人物。他们的家庭十分幸福，孩子也接受了很好的教育，三个孩子都进了私立的贵族学校，并且学习成绩一直都很好。

柯庚一家在市区有一所漂亮的公寓，在郊区也有一栋别墅。别墅靠近海边，独特的设计总是吸引很多人驻足欣赏。美国超过一百家以上的媒体报道过这栋别墅。这栋房子还获得了好几次建筑设计奖，柯庚一家十分喜爱它。

但问题总是不期而至，马歇尔对投资的兴趣变得越来越小，甚至想过要退出。很多同事和朋友都劝他不要气馁，给他很多鼓励，但是他的事业却丝毫不见起色。他创业的时机不好，赶上了经济危机。一夜之间，他投入的一切都付诸东流，很快就变得一无所有。往往祸不单行，遭遇了经济的厄运以后，他接受了更加沉重的打击，当他想要拼命奋斗事业的时候，医生宣布他罹患肝炎，并建议他至少卧床休息一个月。

虽然贷款的人对于马歇尔的境况非常同情，但是在还债上却无法做出丝毫的让步。他们宣称："必须要卖掉那栋别墅。"马歇尔对于这个条件是十分不愿意接受的，他无法想象把这个消息告诉妻子和孩子时，他们会是什么样的反应。

没想到默琳听到这个消息后，平静地说："那就把这个房子卖出去，就这样决定了。"他们把全新的房子和全部的家具一起出售出去。他们只是需要把衣物和孩子的玩具收拾好，关好灯，锁上大门就可以了。

默琳对马歇尔说："我们是不是该给孩子们发一个黑色的大的垃圾袋，好让他们把玩具装在里面，带回市里。"马歇尔不太同意："这种场面最好还是不要让小孩子们看到。我们两个人处理就好。"

默琳说："我们不应该这样做，应该让他们看到你的挫折，他们会明白也会理解的，因为他们会看到你再站起来，这样，他们才能真正地了解，如果将来他们有一天也遇到了挫折，就会克服它。"

他们达成共识以后，就开车去了海边。大家在离开的时候，在海边的屋子前站立了一会儿，然后锁上了大门。在回市里的路上，默琳对丈夫说："我们现在可以想一想以后的样子，我们不会去海边度假了，但是，我们的日子还是过得很好。"然后她转过头对孩子们说："一切都会好起来的，虽然现在我们没有海边的别墅了，但是我们还有舒服的公寓可以住在一起，我们一家人还可以在一起。你们的爸爸病好了，一定会重新站起来，一切都向好的方向发展，不会有什么问题的。"

事实就是这样。孩子们不用换学校，而且还如约参加了夏令营。马歇尔最终做回了自己的本行，并且十分出色。通过这件事情，马歇尔的家人都得到一个启示，并且对以后的生活产生了很重要的影响。

大儿子在创业之初就遭遇了失败，但是他说："爸爸的事情告诉我一切都会好起来，我一定能够做到，一定可以挺过去。那件事到现在还是让我记忆犹新。"

我们应该怎样培养这种轻松乐观的心态呢？对于外界不好的事情我们又如何才能做出良好的反应呢？

每天我们起床时，都应该通过思想，知道今天的一天是顺利还是糟糕。如果我们不能开心地度过这一天，那么就是浪费了它。我们都无法避免生活中很多并不由人的主观意识决定的不良影响，但是面对挫折，我们拥有决定权，我们将决定这一天是否愉快地度过。

每个人都拥有转化积极心态的力量。当遇到的事情十分不顺心的时候，最应该做的就是把眼光放得长远一些，并放松心情，想想近来发生的事情，告诉自己应该怎样做出积极的反应。

能够激怒你的事情或许有千千万万，但是，你不能让它们得逞，不能让它们带给你烦恼或者忧虑，要努力做一个不被生活上的琐事打倒的人。

南加州拥堵的交通，总是让著名发行人泰德·欧文在路上浪费很多时间，他总是说："你被别人超车，并且还是在高速公路上，你只能选择耸耸肩，小声对自己说：'不能这样开车呀。要不然车会被撞烂的。'也可以愤怒地把开车的司机臭骂一顿并给他一个骂人的手势。"

但我们都知道，什么方式能让自己更快乐，而这两种情况都不会让自己更快地到达目的地。实际上，你的一笑置之就可以使你拥有开朗的、轻松的心境，或许，还会增加寿命。

从前，欧文不是一个生性豁达的人，而是有些神经紧张的人。后来他渐渐明白，紧张和压力导致的坏情绪会让人损失更多，因此他常常会首先解决自己的态度问题，然后才会评价其他主管的表现。虽然人很容易反应过度，但是欧文还从未在工作的环境中发过火。这让他周围的环境也好了很多。

在一个团队中，领导者积极乐观地面对一切，彼此沟通与协作才容易工作顺利，并收到良好的效果。积极主动吸收正面的力量，才能把正向暗示传递给其他团队成员，让这个组织迸发战斗力。

批评前，先检讨

很多年前，我的侄女约瑟芬孤身一人离开家，到纽约来做我的秘书。当时她仅19岁，只有中学学历，已经毕业了3年。如今，她已经成长为一位很能干的秘书。

刚刚做我秘书的时候，约瑟芬总是犯一些让我无法忍受的错误。有一天，我忍不住想要批评她的时候，又对自己说了这样的话："不要着急，等一等，戴尔，你的年纪比约瑟芬大一倍，你处事经验也高过她一万倍。你怎么能希望她具有你的观点、你的判断力、你的见解呢？戴尔，在你19岁时，你都做了些什么？还记得你那些愚拙、愚蠢的错误吗？"

在我批评别人之前，我先说出了自己的错误。而当我真诚地站在公平的立场上想这些问题时，又发现约瑟芬比当年的我要优秀得多。从这以后，当我想要指出约瑟芬的错处时，我不会用指责的语气，而是会这样说：

"约瑟芬，你犯了一点错，可是老天爷知道，你并不比我所犯的错误更糟。你不是生下来就会判断一件事的，那是需要从经验中得来的。而且，我在你这个年龄时，犯过很多可笑的错误，现在你比我强多了，我绝不想批评你，或是其他任何人。但是，如果你照这样做，你想是不是更聪明些呢？"

每个人都是上帝咬过的一个苹果，谁也不是十全十美的。当你在批评别人的时候，首先承认自己的不完美和错误，然后再指出别人的失误和不足，这显然更容易令人接受。

德皇威廉二世在位期间，圆滑世故的布洛亲王就懂得这种方法的重要性了。威廉二世妄自尊大，目空一切，他建设了陆军、海军，想要征服全世界。

威廉二世高傲自大、不把别人放在眼里的性格引发了一件十分令人震惊的事情，他说了一些让人难以置信的话。譬如：鼓吹自己是唯一对英国人友善的德国人，他正在建造海军以对付日本的危害。他还表示：自己一个人的力量，才使得英国不受法俄两国的欺侮。

这些言论不仅震撼了当时的欧洲，甚至对全世界都产生了影响。更为糟糕的是，他不仅不知悔悟，还把这些荒谬的言论对全英国说了出来，并未阻拦《每日电讯报》对此次讲话面向全世界发表。

100多年的和平时期从未有欧洲的国王说过这样的话。英国人听到威廉二世的言论感到非常愤怒，整个欧洲一片哗然。他也认识到事情的严重性，顿时慌张起来。他想到一个方法，打算让布洛亲王为他受过，向人们宣布一切都是布洛亲王的责任。

布洛亲王对此却说："但是陛下，恐怕德国人或是英国人，都不相信我会建议陛下说那些话。"说完这些话后，布洛亲王就立即认识到自己犯了一个很严重的错误，他这些话势必会激起德皇的愤怒。果不其然，威廉二世咆哮道："你认为我是头笨驴，连你都不至于犯的错误，而我做了出来？"

布洛亲王想了想后恭敬地说道："陛下，我绝对没有那种意思，您在许多方面都远胜过我，当然不只是在海军的知识上，特别是在自然科学方面。陛下每次谈到风雨表、无线电报等科学原理时，我总是替自己感到羞愧，感觉自己知道得太少了，对于各门自然科学都不懂，化学、物理更是一窍不通，就连最普通的自然现象，我也不能解释。我只稍微知道一点历史知识，且在政治上也有一点才能，特别是外交上的才能。"

当他说完后，德皇展现了笑容，并且称赞了他。布洛亲王用谦逊的几句话挽救了自己的命运。

让一个人改变自己的错误，而且并不引起他的反感，是需要技巧和原则的。其中一条必然是在批评对方之前，要首先表明自己的缺点和错误。

"金无足赤，人无完人。"每个人都会犯错误，当看到别人犯错误的时候，首先应该想一想，自己是不是也犯过这样的错误，从而不该在批评别人时过分严苛。生活中这样的情况时有发生：一个人在遭遇批评的时候，急切地想要解释，证明自己没有错。究其根本原因，与威廉二世德皇的心理相同。他会在心里小声抱怨："你凭什么说我？难道你都不犯的错我会犯吗？"或者"你有什么资格说我？你都在犯错。"因此在批评别人时，不宜用一种横冲直撞的说法，而应"曲线救国"，先说自己的过错，为接下来即将说出口的批评做一个铺垫，那么，效果要远远好于前者。

一个有责任心的人，从来不会不敢承认自己的错误。勇敢地说出自己的错误，承认自己不是十全十美的人，然后再去指出别人的错误，这样会更容易获得批评的效果，更易让人接受。一个谦逊的人在生活中更易交到朋友。在生活中，对朋友的称赞和批评，如果运用得恰当的话，不仅会收获真正的友谊，还会有不可思议的奇迹发生。做到推己及人，是成功的保障。

那些不分场合、不顾时间、不管对方心理性格，就直截了当、冷言冷语的批评，不仅达不到批评的目的，反而会造成不必要的麻烦。有的人即使知道自己做错了，也会被你的态度所激怒，最后落到不欢而散的地步。在批评之前能够给对方一个缓冲的机会，告诉对方，每个人都会犯错，即使犯错也不可怕，只要用积极的行动去改正，错误反而会让我们成长，那么，对方的烦闷的心情就会得到缓解，批评的效果才会更加的明显。

适时道歉

    人是群居生物，人与人交往是必须的，也是不可避免的。在与人交往的过程中，即使我们很注意，也难免会有说错话、做错事的时候，有时候，这些错误可能会让别人在精神上或者物质上遭受到巨大的损害。这时候，你必须尽早地对自己所犯的错误有所认识，对自己所带来的不良后果主动承担责任。这样，不但能够显示出你是一个有素质、有责任的人，而且也更加容易获得对方的谅解。如果你逃避责任，为自己的错误千方百计地加以辩解，这样只会让你变得更加愚顽和不近情理。

    莫斯里是一位来自阿根廷的移民，他才能出众，是一位房地产老板，但他最大的爱好却不是赚钱，而是打高尔夫球，而且参加过一些大赛，拿过奖牌。

    有一次，他和好友大卫合作参加高尔夫球双打比赛。比赛刚开始的时候，莫斯里的状态很好，球打得很不错，可是后来的击球却连连出现失误。当对方把球打到平坦球道的侧面，开始由莫斯里击球的时候，他却因为看高而打空了，使球只沿着跑道跑了几码的距离。

此时，本来就情绪不太好的大卫脸色变得更加难看，大声地指责莫斯里，对着他大发脾气。如果换了你到莫斯里的位置上，你打算怎么做？找理由为自己的失误进行辩解吗？还是对他说这只是一项运动，一个游戏，值得这样大呼小叫吗？或者毫不客气地回击他："我又不是你的出气筒，凭什么对我乱发脾气？"

而莫斯里却没有那么做，他知道那样做非但无助于解决问题，还会使他们的友谊受到打击。于是，他非常真诚地对大卫说："大卫，真的对不起。我今天打得确实很糟糕，我真诚地向你表示歉意。"

大卫听到莫斯里这么说，情绪马上好转起来，怒火也慢慢消失，口气开始缓和，只听大卫嘟嘟囔囔地说："我的朋友，你并没有什么错。是我今天心情有些糟糕，所以脾气暴躁，请你多多原谅。"

莫斯里的道歉不仅仅是简单的认错，他是在理智地处理矛盾和维护两个人的友谊，也是为了让事情不要变得更加糟糕。因此，在和那些正在生气的人说话的时候，我们应该尽量表示出真诚低调的态度，切忌跟他们发生争论。

乔治在一个新公司给一位上司做助手。眼前的主要工作是为上司拿出一套公司产品的宣传方案。他用一个星期的时间做好了方案，拿去给上司过目，没想到的是当上司看完他的方案以后，指着他大声吼叫起来："这真是一个糟糕透顶的策划方案，要是把它宣传出去，我们的公司就毁在你手里了！"

面对上司的指责，乔治并没有辩解什么，而是说："请原谅我的经验不足，我可以再改。"

"你怎么可以告诉顾客别的公司的化妆品比我们的化妆品销量更好呢？这不等于是告诉消费者说，我们的产品不如人吗？而且这个活动的花费比化妆品的利润还要多，斥资是很巨大的，你这样的做法会使我们很快就破产的！"上司继续说着。

乔治又一次对上司说："我的经验真的不多，但是我愿意对我的策划方案重新进行修改。"

此时上司慢慢平静了下来，他也意识到了自己不应该对一个新手发这么大的火。于是他对乔治说："那倒不需要了，我已经把它修改好了。每一个没有经验的人都会犯这种错误的，你不要太放在心上，我知道你已经尽力了。这些问题以后会慢慢地解决的。"

应该说乔治的方案是有所对照和调查的，也是费了心血的，但他并没有借此为自己的错误进行辩解，还承认了自己犯的错误，使上司对他所犯的错误给予了理解和原谅。

根据上面的这个例子我们可以明白一个道理：真正的道歉并不仅仅是简单地承认错误，还应该是为了维系自己和他人之间的正常关系，勇于对自己的过失承担责任所做出的举动。

华盛顿在1755年参选弗吉尼亚州议会的议员，他在辩论中与一位名叫威廉·佩恩的人争吵起来。华盛顿忍不住对佩恩说了一些难听的话，而冲动之下，佩恩打了华盛顿。华盛顿的部下见自己的长官被打，马上围住了佩恩并准备把他抓起来。华盛顿阻止了部下的做法，并且命令他们立即返回营地。

华盛顿在第二天托人给佩恩捎去一张便条，约他在某一个酒馆见面。佩恩做好了跟华盛顿进行决斗的准备，然后应邀来到酒馆。但是，让他感到惊讶的是，摆在他面前的不是枪支，而是酒杯。

华盛顿诚恳地对佩恩说："佩恩先生，每个人都会犯错误，我也不例外，昨天我对你的态度就是一个很大的错误，伤了你的自尊。但是对我来说，纠正错误也是一件十分开心的事情。我相信，在某种程度上你已经得到了满足。如果你觉得这件事情已经解决了的话，那么我们就握手言和吧，你觉得怎样？"

最后，佩恩先生不仅由华盛顿的激烈反对者变成了热烈拥护者，而且还成了华盛顿最要好的朋友。

可见，道歉并不是软弱的表现，毕竟人们承认自己错误的时候是需要很大勇气的。当你表示歉意的时候，你的态度很重要，千万不能给人一种敷衍了事的感觉，态度一定要诚恳。如果我们的自尊心使我们宁愿和朋友的关系破裂，也不愿选择道歉的话，那么我们就实在是太愚蠢了。

　　约翰·拉德和班德拉斯都是年轻人，也是很好的同事，他们同在一个办公室工作。有一次，两个人为了一个主顾而争执起来。后来，尽管两个人每天上班都能见面，却不再互相讲话。

　　这样的日子过了好多天，约翰觉得很无趣，他想：我和班德拉斯毕竟是多年的好朋友，为了一个主顾就翻脸了，实在是不值得，我要想办法把这个矛盾解开。

　　于是，在某一天下班的时候，约翰走到班德拉斯的办公桌前问他："班德拉斯，听说你的妻子正患关节炎，不知道现在的情况好转了吗？"

　　班德拉斯听到约翰跟自己说话，感到很惊讶，他赶紧回答约翰说："我已经找过了三个医生来看妻子的病，现在她的病情好多了，谢谢你的关心，约翰。"

　　接下来，约翰愉快地接受了班德拉斯邀请他到家中做客的请求。

　　在一起去班德拉斯家的路上，约翰说："班德拉斯，你也知道我这个人常常会做一些蠢事，总是心直口快、做事不动脑子。"

班德拉斯听约翰这么一说，马上就知道约翰这是在向他赔礼道歉。于是，他也说道："我的朋友，前些天我做的那件事情确实不大对，对此我也深深地自责过，但是却一直没有勇气跟你致歉，还请你多多谅解。"

于是，他们的友谊又恢复如初了。

可见，当一个人犯了错，做了对不起别人的事的时候，首先要想到向对方道歉，而这个道歉的意义深远而巨大，不仅可以平复对方对你的不满情绪，还会在自己的意识中刻下谨慎、低调和宽容的警示，以利于以后少犯或不犯类似的错误，让自己有一个更好的人际关系。

低调做自己

从来没有人会去踢一只死狗，道理很简单，死狗既不能吓人也不能咬人，有谁会愿意惹上既无怜悯心又无慈善心的骂名呢？而多数被踢，甚至是被追打的倒是那些到处狂吠不已，见谁咬谁的狗。同样的道理，人们也不会主动地去攻击那些看上去文弱和举止低调的人。如果这样为人的姿态仍然会受到批评的话，那你就要用正确的态度对待和理解。

1929年，美国发生了一件震惊全国教育界的大事，全美国的学者都赶到芝加哥去看热闹。在这之前，有个名叫罗伯·赫金斯的年轻人，半工半读地从耶鲁大学毕业，他做过作家、伐木工人、家庭教师和卖成衣的售货员。

如今，只经过了短短八年，他就被任命为美国芝加哥大学的校长。这真叫人难以相信。有一些老一辈的教育人士对此大摇其头，来自四面八方、各种各样的批评如同山崩落石一样骤然打在这位"神童"头上，说他太年轻了，缺乏必要的经验，教育观念也很不成熟，甚至各大报纸也参与了攻击行动。

在罗伯·赫金斯就任的那一天，他父亲的一个朋友对他父亲说："今天早上我看到报上的社论攻击你的儿子，真把我吓坏了。"

"不错，"赫金斯的父亲回答说，"话说得很凶，但是请记住，从来没有人会踢一只死狗。"

不错，打狗看主人，这只狗对主人越重要，打它，主人才会越心痛，踢它的人也才能越感到满足。

当初，温莎王子也曾被人狠狠地踢过。

温莎王子曾在帝文夏的达特茅斯学院读书——这个学校相当于美国安那波里市的海军军官学校。那时候他才14岁，有一天，一位海军军官发现他在哭，就问他为什么哭。他最初不肯说，但等他说了实情后，指挥官也大为震惊，原来王子被军官学校的学生踢了。为此，指挥官把所有的学生召集起来了解情况。

指挥官首先向学生们说明，他了解这件事，但并不是王子告的状，但是他想知道为什么这些人要如此虐待温莎王子。

这些学生支吾了半天之后承认：这么干是为了等他们自己将来成了皇家海军的指挥官或舰长的时候，可以告诉别人，他们曾经踢过国王的屁股。

原来他们搞这个恶作剧就是想在将来显示一下自己的权威。

你要是被人踢了，或者是被别人恶意批评了的话，请记住，他们之所以做这种事情，是由于做这事能使那些人有一种自以为重要的感觉，这通常也就意味着你已经有所成就，而且值得别人注意。

许多人在骂那些教育程度比他们高，或者在各方面比他们成功得多的人的时候，都会有一种满足的快感。比如说，我接到一个女人来的信，痛骂创建救世军的威廉·布茨将军。因为我曾经在广播节目里赞扬过他，因此引起了这个女人的醋意，于是她便写信给我，说布茨将军侵占了她募集来救济穷人的800万美元捐款。

这种指责当然非常荒谬，但是这个女人并不是想找到事情的真相，只是想要扳倒一个比她地位高的人，来获得她自己的满足感。结果，我把她那封无聊的信丢进了废纸篓。我看不出布茨将军是什么样的人，但是却对这个女人非常的清楚了。叔本华曾说过："庸俗的人在伟人的错误和愚行中，得到最大的快感。"

大约很少有人相信耶鲁大学的校长会是一个庸俗的人，可是有一位担任过耶鲁大学校长的摩太·道特，就曾责骂一个竞选总统的人："我们会看见我们的妻子女儿成为合法卖淫的牺牲者。我们会大受羞辱，受到严重的损害。我们的自尊和德行都会丧失殆尽，使人神共愤。"

这几句话听来仿佛是在骂希特勒，但却不是，而是在骂托马斯·杰斐逊，就是那个起草《独立宣言》的人，也是那个民主政体的代表人物，还有那个美国国父华盛顿也曾被骂作"伪君子""大骗子"和"只比谋杀犯好一些"，还画着他站在断头台上，一把大刀将要把他的头砍下来的图画；画着在他骑马从街上走过的时候，一大群的人围着他又叫又骂的场景。这些人的内心想法都是相同的。

现在我再以1909年乘雪橇到达北极而震惊全球的著名探险家佩瑞海军上将为例。几百年来，有许多人为了要完成这一壮举而历经千难万险，甚至丧生。佩瑞也几近饥寒交迫而死，有8个脚趾因冻坏而切除。而那些华盛顿的高级海军官员们却因为佩瑞这样受到欢迎和重视而心生嫉妒。他们诬告他假借科学探险的名义敛财，实际上是在北极享受逍遥。他们想羞辱和阻挠佩瑞的决心强烈到最后必须由麦金莱总统直接下令，才能使佩瑞在北极继续他的研究工作。

假如佩瑞当时是在华盛顿的海军总部里坐办公室的话，他会不会遭到别人的批评？不会的，因为那样他也就不会重要到能引起其他人的嫉妒。

格兰特将军的经历比佩瑞上将更糟。在1862年，格兰特将军赢得了北军第一次决定性的胜利，使得格兰特立刻成为全国人的偶像，但是在获得这次伟大胜利的6个礼拜之后，他却遭到了逮捕，兵权被夺，使他羞辱而失望地哭泣。

为什么格兰特将军会在人生的巅峰状态被捕呢？绝大部分原因是因为他引起了那些傲慢的上级们对他的嫉妒与羡慕。

说到此，我不能不为我上面说过的话做个总结：要与人为善：第一，切记不要傲慢；第二，要坦然对待别人对你的批评。因为批评不一定就是你真的有什么见不得人的事，而是他要借助你提升一下自己，仅此而已。

你的微笑价值百万

施科瓦先生曾告诉我，说他的微笑能抵得上100万美元。他大概是在向我暗示微笑的力量，因为施科瓦的性格魅力，以及他那令人欢喜的能力，几乎正是他特有的成功的全部原因。而他的个性中最可爱的因素之一，就是他那迷人的微笑能够打动一切人。

面带微笑给人温暖如春的感觉，满脸冰霜给人冷如寒冬的感觉。真诚的微笑往往会给人留下美好而深刻的印象。有人说，微笑是人际交往中最佳的通行证，是人与人之间最短的距离。

做一个真诚微笑的人，微笑会让人觉得你非常友善，他会明白你的心意："我喜欢你，你使我快乐，我很高兴见到你。"

我曾建议我班上的商界学员，让他们花上一个星期的时间，每一天的每一个小时都对别人微笑，然后再回到班上来谈他们的体验。事实上，他们这样做之后的效果怎样呢？

下面是纽约证券交易所会员威廉·史丹哈德写来的一封信。他的情况并不是个别现象。事实上，他只是好几百人中的代表之一。

"我结婚已经有18年了，"史丹哈德写道，"在此期间，我从起床到准备好出门上班，我都很少对我的妻子微笑，或对她说上一两句话。我是那些在百老汇匆匆行走的人当中脾气最坏的一个。

"因为你建议我们去体验微笑，并要求我们就此进行演讲，于是我就想试一个星期，看看效果如何。所以，第二天早上，当我梳头的时候，我就看着镜子中那副阴沉的面孔，对自己说：'比尔，你今天必须扫除你脸上的愁容，你一定要微笑。你现在就必须开始。'我坐下吃早餐的时候，对我妻子说：'亲爱的，早上好！'我说这话的时候，脸上带着微笑。

"你的确曾提醒过我，她可能会感到惊讶。可是，你低估了她的反应程度。她不仅是惊讶不已，简直是被惊呆了。我告诉她，她将来每天都能看到我这种愉快的表情。从此以后，我每天早上都是这样，至今已有两个月了。由于我改变了态度，结果我们家在这两个月中所得到的快乐，比过去两年中所有的快乐还要多。

"现在，当我去办公室的时候，我会对大楼开电梯的人大声说'早上好！'并对他报以微笑。我还微笑着和看门人打招呼。我在地铁售票处兑换零钱的时候，也会微笑着和服务员打招呼。当我站在交易所大厅的时候，还会对那些以前从未见过我微笑的人微笑。不久，我就发现每个人都对我也报以微笑。对于那些爱发牢骚的人，我也不再恼怒，而是和颜悦色地对待他们。当我听他们抱怨的时候，我会保持微笑，这样问题就很容易解决了。我发现，微笑给我带来了巨大的财富，我每天都会收获许多财富。

"我和另一位经纪人共用一个办公室，他有一位秘书，是一个很可爱的小伙子。由于我很高兴自己所取得的进展，就将自己最近所学到的人际关系哲学告诉了他。没想到他承认说，当他最初和我共用办公室的时候，他还以为我是一个郁郁寡欢的人呢。直到最近，他才改变对我的看法。他说，当我微笑的时候，他觉得非常亲切。

"现在我开始改掉了批评别人的习惯。我只欣赏和赞美别人，而不再指责他们。我也不再只考虑自己的需要，我现在更希望从别人的立场来看待问题。这些做法真的改变了我的生活。现在，我已经变成另一个完全不同的人了，我成了一个更快乐、更充实的人，而且富有友谊和快乐。这些显然才是最重要的。"

微笑是构建良好人际关系，调节各种矛盾的润滑剂。微笑就如同阳光，它能给他人带来温暖，使他们对你产生宽厚、谦和、平易近人的良好印象。微笑是一种宽容、一种接纳，它使人与人之间心灵相通，展颜一笑胜过千言万语。

对我们每一个人来说，微笑轻而易举，却能照亮所有看到它的人。当你每一次奉献出微笑的时候，你就在为人类幸福的总量增加分量，而这微笑的光芒也会回照到你的脸上，给你带来方便、快乐和美好的回忆，何乐而不为呢？

微笑是成功者的名片。让我们细读阿尔伯特·哈伯德下面这段睿智的忠告，并为之付诸行动吧。

"你每次出去的时候，都要收缩下巴，挺起胸膛深呼吸；在阳光中沐浴，微笑着招呼每一个人，每次握手时都要用力。不要怕被误会，不要浪费时间去想你的仇敌。要在你心中明确你喜欢做什么，然后坚持不懈，勇往直前，集中精力大展宏图。随着时光的流逝，你会发觉你在不知不觉中抓住了机会，实现了自己的愿望。在脑海中想象你希望成为的那个有能力的、诚恳的、有作为的人，这种想象会长期影响着你，每时每刻提醒你，将你改造成为你所希望的那种人……思想的影响是至高无上的。必须保持正确的人生观，要有勇敢、诚实、愉悦的态度。正确的思想本身就有创造力。一切都来源于希望，每一次真诚的祈祷都会有所应验。我们内心希望成为什么，我们就会变成什么。因此，请收缩你的下巴，抬高你的头。我们就是明天的上帝。"

正确面对外界的批评

你不应该为了成为一个很好的人，而必须使自己成为一个什么样子，能做好真正的自己就足够了。在此前提之下，对自己说一些肯定意义的话，就一定会更好地面对来自外界的批评。

当被他人批评的时候，多数人都会开启自动防御措施。当还处于孩提时代的时候，我们遭遇的批评，通常依旧记忆犹新，因为这种经历往往会给自身带来极大的伤害。所以，现在总是把批评当作"坏事"。我们需要做的，应该是分清楚，什么批评是针对他人而并非对你的批评，什么又是真正对你有帮助，有好处的批评。我们应该具有辨别和自我评估的能力，清楚地懂得自身的思想、行为和情绪。

应对批评的时候，以往的经历所构成的自我评估的能力是不可或缺的条件。但这些事情，我们在小时候并没有学到。大人们从未注意到当他们评价我们行为的正确或错误时，会对我们造成怎样的结果。小时候没有人鼓励我们应该建立一套自我评估的标准，而通常是依赖他人对自己行为的评价。

当我们有了一套自我评估的标准，就不会被他人的批评左右。如遇到这样的情况：总有人告诉你，你工作的速度太慢了，即使这种速度最适合你，你也会怀疑自己是不是真的太慢了，倘若你没有足够的自信去正确地自我评估，那么你就会开始感到愧疚。

对于别人给予我们的信息，我们总是全盘接受。在别人给我们的信息中，有些信息是很强势的或是相当程度地被强化，我们总会选择深信不疑。

"你没指望了""你怎么这么笨""你根本做不到"，等等这些话，如果你真的相信了，你就会变得毫无斗志。这样一来，你就会非常不愿意承认自己的错误，在遭受失败的时候，会立即为自己辩驳。

我们大多数的人在儿时可能缺乏父母的认可，就会建立一种卑微的自尊，进而会导致成年时期产生事事不如意的情况。

席拉在一次宴会中认识了一个男人，他们十分情投意合，并且还交换了电话号码，说好一定要保持联系。席拉回家以后，过了几天真的给这个男人打电话，但是没人接，席拉就在对方的电话答录机上留了言。

过了一个星期以后，席拉还是没有接到这个男人的回电。于是，席拉对自己说："你真是笨得可以，怎么能够看错和这个男人的关系呢？自己根本就没有引起对方的兴趣，还是不要再傻了。"

席拉也意识到，为什么要把这所有的过错全部推到自己的身上呢？于是她就反问自己，是不是对自己和这件事情有一个清楚并且正确的评价？当她认真地分析了自己和这件事情以后，发现，事情远不是自己想的那样。

她认识到，当他们刚开始聊得来的时候，他曾经说过，旅行是他工作的一部分，或许他离开了，又或者他一直都太忙了，也或许仅仅是他改变了心意。但无论何种情况，都不是因为自己的笨和愚蠢，也不是因为自己毫无魅力，或是错估了两个人的关系。你无法负责别人的行为。

对自己说些肯定自己的话，应对批评或是为了和自己脑海中嗡嗡作响的批评作斗争，是一个很好的办法。这些肯定意义的话一定是真正的自我，而不仅仅是外显的行为。你不必为了成为一个很好的人，而强迫自己成为什么样子，做最好的自己就够了。

有时，自我批评也会不断鞭策你成为更好的自己，暗示现在的你哪里还不够好，还需要努力。要经常对自己说下面这些话：

首先，没人能比我做得更好了，我已经尽力了。

其次，我只是一个人而已。我拼尽全力，虽然有时成功，有时又会失败，但我还是一个不错的人。

学会不在意别人的看法也是一种很有效的面对批评的方法。如果一个陌生人评价你的外表，你一定会觉得无法接受，并且认为对方没有认识到这是你的隐私。你要明白，人们的意见是他们的私事，或许他们只是在说自己而已。我们自己也要注意自己的言语，如果你要发表意见的时候，你应该要搞清楚，自己说的话是不是言而由衷，而不是具有弦外之音。后者选择合适的时机发表，顺便问一下自己，是不是考虑到对方的感受，是不是有自信自己说的话是对的。

一个人为什么要批评别人，我们也要好好研究一下。有的人会因为他人的过错而批评对方，但是这种过错往往批评者本人也有，只是不愿意承认罢了。有的人会批评你，仅仅是因为想要你变得更好，给你建设性的意见。他们关心你，并且想要你知道他们的想法。这种批评是他们认为的职责所在。

有时，表面上看起来是批评，但其实它只是个玩笑。但是，你也要多加小心，因为会出现带刺的玩笑，其实是一种讽刺和挖苦的伪装。有的人也会因为对你的嫉妒而批评你，也或许他们只是度过了充满坎坷的一天罢了。

面对以上的批评，我们要分清楚，并且找到切实有效的应对办法，这些批评或许有凭有据，或许合理、不合理。这一切都取决于你对批评的态度，我们还是通常会把批评当做人身攻击，虽然知道不会有什么大碍，但就是忍不住会这样想。

我们不能高估别人的批评而丧失了自己的主张。他人的意见是他们自己的事情，但是决定权在你自己手中。一切都得从钟爱自己开始。倘若你能够朝此方向，一步步地往前迈进，必将能够改变自己的一生。

第二篇

缔结良好关系的心理支点

肯定对方微小的进步

在训练狗时，我们都懂得肯定——哪怕是小狗仅仅把你抛出的"猎物"取回来放在半道上。为什么我们想改变别人时，不用好改变宠物的方式？尝试一下用肯定代替斥责，看一看效果会怎么样？即使是微小的进步，我们也要给予肯定，那样可以激励别人继续进步。

我认识派洛，一位杂技演员。他有一出拿手的狗戏，他一直随马戏班和杂术表演团到处表演。我喜欢看他训练小狗做游戏，我留意当在狗表现出微小的进步时，他会轻轻地拍拍它——肯定它，给它肉吃，他当作一件大事来看待。其实这不是什么新鲜事，训练动物的人，儿百年来，都是用同样的方法。我很奇怪为什么想改变人的时候，我们不用同样常识。我们为什么不用肯定代替责备？

劳斯监狱长已经发现，对"星星"监狱里的罪犯，即使肯定其最微小的进步，也是值得的。前不久我接到劳斯监狱长的一封信，这里援引他在信中的原话，"对罪犯的努力表示适当的肯定，比苛刻的批评与责备，更能得到他们的合作，最终能达到促进他们完全恢复人格的目的。"

我从未被拘禁在"星星"监狱中——至少到目前还没有——但回想自己生活的全过程，我看出在某些时刻，几句肯定的话深刻地改变了我的未来，你不能对你自己说同样的话吗？历史上充满了微小的肯定的惊人魔力的例证。

多年前，一位伦敦青年希望成为一个作家，但看起来事事都好像同他作对。因为贫穷，他从未能在正规学校里读过书，他的父亲因不能付债被捕入狱，这位青年深深知道饥饿的痛苦，因为他饱尝贫困的煎熬。

最后，他终于找到一份工作，白天，他在一间老鼠横行的仓库里粘贴黑油瓶上的标签；晚上，他睡在一间灯光暗淡的顶楼上，他的室友是另外两个孩子——来自伦敦贫民窟的肮脏顽童。他对自己的写作才能缺乏自信，因此，他常常在寂静的深夜偷偷溜出去，将他的稿件邮走，以免人家讥笑他的稿子总被退回。

伟大的一天最终到来了——他有一篇稿子被采纳录用了。实际上，他得到的报酬还不到一个先令，但一位编辑肯定了他。他非常兴奋——他在街上漫无目的地游荡，他泪流满面。由于一篇故事被刊出而得到一位无名编辑的肯定及承认，改变了他的命运。没有那个鼓励，他或许将终生在被老鼠骚扰的工厂里工作。

大家一定听说过那个青年，他的名字叫狄更斯。50年前，另一个伦敦孩子在一家布店做店员。他每天5点钟起床，洒扫店铺，每天工作十四个小时——那是一份苦工。过了两年，他再也忍受不下去了，所以一天早晨起床后，没有等到吃早餐，就走了十五英里的路程，去和他母亲商量，因为他母亲在别人家里当管家。他快要疯了，他向她请求，他哭泣，他起誓：如果一定要留在布店中，他就要自杀。然后他写了一封长长的、悲惨的信给他的老校长，他说他的心已经碎了，他不想活了。他的老校长给了他一点肯定——他对他说，他实在很聪明，适合做更好的事，他给了他一个教员的职位。

孩子后来告诉别人，校长那看起来一丁点的肯定和微乎其微的鼓励，改变了他的命运，在英国文学史上，留下永久的印记。因为那个孩子自此以后，他一共写了77本书，用笔赚了100多万英镑。大家可能也听到过他的名字——查尔斯。

假如激励我们接触的人，肯定他们最微小的进步，我们所做的，就比仅仅说服他人还要强。洛杉矶的约翰·林杰波夫就是用这种态度处理父亲与子女的关系的。在许多家庭里，父母与孩子关系的主要形式是吼叫和斥责。

这些家庭的例子表明，一段时期之后，孩子与父母的关系会变得越来越糟。林杰波夫先生决定用我们在课堂上学的一些方法，来解决这个情形。后来他专程到我的课堂上来给大家作报告说："我们决定以肯定别人来代替挑剔别人的过失。当我们看到他们做的是负面的事情时，要找些事情来肯定，真的是很难。

"我们想办法去找他们值得肯定的事情，这样做之后他们以前所做的那些令人不高兴的事，真的就不再发生了。接着，他们别的一些缺点也消失了，他们开始照着我们肯定的方向去做。他们居然一反常态，乖得连我们也不敢相信。当然，它并没有一直持续下去，但总是比以前要好得多了。现在我们不必再像以前那样纠正他们。孩子们做得对的事要比做错的事多得多，这些全都是肯定的功劳，即使肯定他最细微的进步，也比斥责他的过失要好得多。"

我们都渴望被赏识和认同，而且会不惜一切去得到它，但没有人会要阿谀这种不诚恳的东西。

著名的心理学家杰茜·雷耳在其著作《孩子，我并不完美，我只是真实的我》中这样评论说："肯定对温暖人类的灵魂而言，就像阳光一样，没有它，我们就无法成长开花。但是我们大多数的人，只是敏于躲避别人的冷言冷语，却吝于把赞许的温暖阳光给予别人。"我能够找出那些改变我的前途的肯定之言，大家是否也能在你的生命中，找到同样的东西？历史全是由这些肯定的真正魅力，来做令人心动的注脚的。

真诚赞美他人

假使我们真是这么自私，这么功利，吝啬于给人带去一点快乐，一旦没有从他人身上得到好处，就不再对他人表示一点赞赏或表达一点真诚的感谢——如果我们的灵魂比野生的酸苹果大不了多少，我们的心灵会变得多么贫乏。天底下只有一种方法可以促使人去做任何事，那就是给他想要的东西。那么，一个人究竟想要什么呢？

林肯曾在一封信中提到"人人都喜欢受人称赞"，威廉·詹姆士也说过："人类本质里最殷切的需求是渴望被人肯定。"他不用"希望""盼望"等字眼，而是用"渴望"这个词，可见受人称赞是人类所需的重要东西。这种"被人肯定的渴望"，也正是人类同禽兽的最大区别。

约翰·洛克菲勒成功管理人事的首要秘诀，就是真诚地赞赏他人。洛克菲勒有一位生意伙伴叫做爱德华·贝德福特。在一次生意中，由于决策的失误，他使公司损失了近100万美元。当时，洛克菲勒完全有理由指责贝德福特，但他并没有这样做，因为他知道贝德福特已经尽力了，况且这件事也已经过去了，所以洛克菲勒另找其他的事，说他节省了50%的投资金额，以此称赞贝德福特。洛克菲勒赞美说："这简直太好了，我们并不能总是像巅峰时期那么好。"

其实类似这样的例子还有很多，真诚地赞美他人不仅是管理者的必修课，也同样是生活中每一个人所需要掌握的一门处事技巧。下面这个故事就发生在我们的生活当中，看看它能不能给各位带来一点启迪。

一个夏天的农场里，有个农妇劳累了一天后，为干活的男人准备了一堆干草当晚餐。男人愤怒了，并质问她是否发疯了。她说："我怎么知道你会在意呢？20多年来，我一直煮饭给你吃，可你从来都不吭声，也从来没有告诉我你不吃干草啊！"

虽然这个故事可能不是真的，但我却并不完全把它当成假的。近几年，曾有人对妇女离家出走的原因进行过调查。你想知道这些妇女离家的主要原因是什么吗？那就是"没有人领情"。我想，男人离家的原因也大概如此。

即使我们心里也常常感谢另一半为我们所做的一切，但从来没有说出自己的称赞和感恩之情，就仿佛他们所做的一切是天经地义的一样。

我们会照顾儿女、朋友，甚至雇员的身体，但我们可曾照顾过他们的自尊？我们给他们牛排、美酒，以补充他们的体力，却忽略了感谢他们的言语。这样的言语，胜似清晨那美妙的音乐，将永远在他人的记忆深处歌唱。

我有个挚友的妻子，参加了一种自我训练与提高的课程。回家后，要丈夫列出六项能让她自己变得更理想的事情。虽然这位朋友能够轻易地列举出这样的六件事，可他却没有那样做。

他只是对自己的妻子说："让我仔细想想，明天早上再告诉你，怎么样？"到了第二天，他早早地起来，打电话要花店送六朵美丽的红玫瑰给他的太太，并附上纸条："我想不出有哪六件事希望你改变，我就喜欢你现在的这个样子。"

傍晚回家的时候，你猜会有什么样的事情发生呢？他的太太正站在家门口，眼含热泪地等他回家！看到这样的情景，他很高兴也并没有趁机批评一番。第二天，太太再去上课时，把事情的经过讲给他人听，许多人都说："这是他们所听到过的最善解人意的事。由此也让人体会到了赞赏的力量。"

百老汇中最著名的歌舞剧家弗洛伦兹·齐格菲尔德具有一项使"美国女孩增添光彩"的超人能力。很多次，他都把原本没有人愿意多看一眼的平凡女孩，变成了风情万种、千娇百媚的大明星。他所用的就是赞美和鼓励。他常用体贴、殷勤的力量打动女士们的心，使她们确信自己是美丽的。他用加薪的方法，使女士们感觉到自己的重要。他很浪漫，每逢首演之夜，一定打电话给主要明星，还送她们一大束红玫瑰。

我们在日常生活中，常常会忽略赞美他人的美德。当孩子做了第一个蛋糕或做了一只蝈蝈笼时，我们忘了鼓励他们；当孩子带回一份好的成绩单时，我们也忘了称赞他们。对孩子来说，父母的赞美和关注是最令他们高兴的。

有一段时期，我曾一度因为推崇时尚，而进行了六天六夜的绝食。这当然是很难做到的。但是，我还是坚持下来，到了第六天的晚上，已不像前几天那样饥饿难熬了。我们都知道，如果让家人和手下的员工绝食六天，我们肯定会有一种很深的犯罪感。可是我们却常常对家人和员工六天、六周，甚至是六年都不曾表示赞赏，难道这种精神鼓舞不是同食物一样重要吗？

爱迪生曾说，遇见的每一个人，都是自己的老师，因为自己从他们身上学到了东西。如果这话对爱迪生来说是对的，那么对我们则更是如此。让我们尽量去发现别人的优点，然后发自内心地、真诚地去赞赏他们吧！

顾全对方的面子

很多年前，美国奇异电气公司碰到了一件很难处理的事：电气公司决定要撤销斯坦米茨的部长一职。

斯坦米茨对电学方面很有研究，算得上是一等一的人才，但是他却在会计部任部长一职，这个并不是他的所长，但由于他在电学上的成就，公司又不敢得罪他。

为人敏感的他让公司做出这个决定费了很长时间。公司最终决定，特地给他一个新的头衔，而另派他人担任会计部的部长。鉴于他在电学上是不可多得的人才，公司让他担任奇异公司的顾问工程师。

这一决定不仅顾全了斯坦米茨的面子，而且也让奇异公司主管部门满意。在一片和平的气氛中，奇异公司解决了困扰很久的大难题。

可以看出顾全一个人的面子是多么的重要！但是，生活中却很少有人做到。我们不留余地地蹂躏他人感情，专找别人的错处，或加以嘲笑或加以恐吓。有的人当着家长的面，批评他的孩子。有的人，面对佣人口出恶言，根本不顾及别人的自尊！这样的例子比比皆是。

实际上，如若我们能够多花几分钟去仔细斟酌，说几句体恤别人的温情的话语，让对方感到你的谅解和原谅，这样会少很多痛苦。下次，当我们需要辞退佣人或雇员时，应该记住要顾全对方的面子。

我想引述格雷奇给我的一封信，格雷奇深谙上述原则，看完这封信，相信对你一定会有很大的帮助。信的内容是这样：

"辞退雇员，可不是一件有趣的事。被辞退的人，当然会更不高兴。但是，我所负责的业务，都是有季节性的，因此，每年的3月，我都需要辞退一批雇员。

"在我们这一行，有一句俗话：'没人愿意掌管斧头。'结果就形成了一种习惯，越快解决越好。在我解聘一位雇员时，总会这样说：'请坐，现在季节已过，我们似乎没有什么工作给你做了。当然，我相信你事前也知道，我们只是在忙不过来的时候，才请你们来帮忙。'

"我从未想过，我所讲的这些话，会给他人造成什么影响，会让他们多么的失望。他们是准备终生在会计行业中讨生活的。对于这些草率辞退他们的机构，他们显得并不特别的喜爱。

"现在，每当我要辞退雇员时就会稍微使一点手腕，每次我都要把他们在这一季中的工作成绩细看过之后，才召见他们。然后，我对他们说：'某某先生，你这一季中工作成绩很好。上次，我派你到组瓦克城办的那件事很困难，而你却办得有声有色，公司有你这样的人才，实在幸运。你很能干，你有远大的前程，不管到哪里，你都会受到人们的欢迎。公司很相信你，也很感激你，希望你有空常来玩！'

"那么，结果怎么样呢？这些被辞退的人，听了我这番话心情似乎舒服多了，他们不再觉得是受了委屈。他们知道以后如果这里再有工作时，还会请他们来的。当我们再请他们来时，对我们这家公司他们会更有亲切感。"

保全别人的面子是每个优秀的领导者都懂得的道理。已故的马洛先生，作为最优秀的领导者之一，他有一种奇妙的才能，能够使两个水火不容的生死仇家达成和解。你一定好奇他是怎样做到的呢？原因在于，马洛先生能够找出双方都有理的事实。这个需要仔细寻找，然后，对找到的对方的优点加以赞许，一直到双方都满意，否则就不会放弃。所以，不论最后的结局是什么，马洛先生绝不会认定任何一方有错。

这个世界上，一个真正伟大的人物，绝不会是一个只注意自己某些成就的人。例如：土耳其人和希腊人历经了长达数百年的敌对仇视状态。1922年，土耳其人终于决定，要把希腊人从自己的领土驱逐出去。

当时任土耳其总统的是凯末尔，一天，他沉痛地对士兵说："你们的目的地，就是地中海。"这样一句简单的话，开启了近代史上最为激烈的战争。结果是首先发起攻势的土耳其军队获胜，特里库皮斯将军和狄阿尼将军向土耳其总统请降的时候，受到了大街小巷土耳其民众的驱赶和辱骂。

作为一个国家的君主，凯末尔并没有表现得和他的臣民一样。他并没有以胜利者的身份，显示出一副高傲自大的姿态。

凯末尔态度很亲切地握着他们两个人的手说："你们一定累了吧，两位请坐。"凯末尔和两位谈了谈战争的情况。为了减少他们心中的沉痛感，凯末尔对他们说道："我们经历的战争有时候很像是竞技比赛，高手也会有遭遇失败的时候。"

凯末尔虽然赢得了战争，但是他并没有忘记要顾全对手的面子，从而使他得到了对手的尊重。

在日常生活中，你一定也不想被别人毫不留情地指责、责难吧？那么就换位思考一下吧。人与人打交道最重要的就是能够凡事都留有一线。顾全别人的面子，起码两个人之间不会心存芥蒂和尴尬。

所以当你在想要狠狠批评别人的时候，最好让自己首先冷静下来。即使对方真的犯了错误，也要做到不恶语相对。说话要尽量做到圆滑不令人反感，先表扬对方的优点，保全他的面子，再表达对于他所犯的错误的惋惜。这样在与人沟通的过程中就会感到愉悦而轻松。

顾全对方的面子，不仅能够让人很好地接受自己的意见，还能增加自己的魅力指数和突显个人修养，这是一件一举两得的事情，需要我们每个人都学会，这会使你得到更多人的尊敬。

让对方意识到自己很重要

当我和他人相处时，潜意识里我会告诉自己，对方对我很重
要。之后，我的行为就会向对方表明，我很在意他。不要小瞧这
件事，它能让你无往不利。自重是人的天性，无论是谁，内心都
有被重视的渴望。

我曾有过一次寄信的经历。那是在纽约的32号街第8号
路的邮局里，我在排着队等待着要发一封挂号信。或许是
那个邮递员对这项工作感到乏味，我看出他的脸上写满了
苦恼。是啊，称信的重量，递出邮票，找给零钱，分发收
据，这样单调乏味的工作，一年接一年地做下去，谁都会苦
恼的。

在内心深处，我对自己说："过去试试，对他说一些
有趣的事情，这些事情是关于他的，让他开心，让他对我
产生好感。"接着，我就开始观察他身上有没有值得赞赏的
地方。这件事很难，毕竟对方是一个素昧平生的陌生人。不

过，我还是找到了这位邮递员身上的优点，还称赞了他。

当时，我走到他身边时，热情地说："你的头发真漂亮，我真希望自己也有你这样一头好头发！"

听到我的话，那个邮递员抬起头，他先是惊讶，接着就露出了笑容，他很客气地说："没有以前好了！"我能看出来他虽然很客气，但仍然很高兴。于是，我很肯定地告诉他可能没有过去的光泽了，但是看起来仍然很美观。我们的谈话结束时，他已经变得很愉快了，他称量信的动作看着很轻松。

曾有人问我："你称赞那位邮递员，是想从他身上得到些什么？"我很生气，立刻反问道："我能从他身上得到些什么？"我只是希望那位邮递员能够以轻松的脚步去吃午饭。或许他会很开心地看着镜子中的发型说："确实不错。"

如果你总用自私的眼光看人，总是抱着这样那样的目的才付出，只关注那些能够给我们带来利益的人，对其他人都不屑一顾，那我们都不会快乐。要将自己的快乐分给别人，不要让我们的胸怀比针尖还小，不然，我们又凭什么被人喜爱？

事实上，我并非一无所得，我让那位邮递员记住了我。我相信，多年以后，他仍会记得，在一个上午，有人称赞了他的发型，让他找到了自信。不论过了多久，只要想起这次谈话，他必然会欣然微笑。

永远使别人感觉重要，这已经成为了人的行为中很重要的一项定律。如果我们主动遵守这个定律，那就不会因称赞别人而烦恼；相反，如果你违反了这项定律，那就会失去很多的朋友，会遭遇无数的困难。

杜威教授曾说过："自重的欲望，是人们天性中最急切的要求。"詹姆斯博士说："人们天性的至深本质，是渴求为人所重视。"人不同于动物之处，就是人有被重视的渴望。人与人之间的交流，也是因为这种渴望开始的。

你希望别人怎样待你，你就该怎样去对待别人。这并非是一句空话，而是哲学家们花了数千年的时间，给人们下的一项定律。每个人都希望得到别人的赞赏，这意味着别人肯定了自己的价值。

司华伯说："诚于嘉许，宽于称道。"你肯定希望朋友真诚地赞美你。将心比心，每个人都渴望真诚的赞美，不愿听到别人虚假的奉承。因此，我们更应遵循这项定律，你希望别人怎样对待你，你就怎样对待别人。

不要觉得自己只是一个小人物，没有资格称赞别人。你不必等你做了驻法大使或是主席时才去称赞别人，如果一定要问我，应该在什么时候，什么地方称赞别人？其实，答案很简单，就是："随时随地。"

有一次，我到无线电城询问处打听苏文的办公室号码。当时，那个穿着整洁制服的询问员，似乎十分在意自己，他很清晰地回答："亨利·苏文(顿了顿)，18楼(顿了顿)，1816室。"

当我走向电梯时，忽然觉得他很有特点，就又走了回来，向那个询问员说："你的回答清楚明白，实在不简单，你像一个艺术家。"

他似乎十分满意，脸上一下就露出了笑容，并告诉我他为什么要这样说话，为什么中间要顿一顿。我的几句话使他高兴得把领带略为往上拉高了些。而当我搭乘电梯上了18楼时，我突然有了一种感觉，我觉得我传递给他的快乐，又返还到了我的身上。

生活中处处都可以让人感觉到被重视。比如，我们要一份法式煎马铃薯，而女服务员却给你端来了煮的马铃薯。这时你想让她帮你换一下，首先要尊重她，你可以这样说："对不起，要麻烦你了，我喜欢的是法式的煎马铃薯。"不要一味地大声责骂，她听了之后，一定会回答说："一点也不麻烦。"并很乐意地帮你调换。

平时客气的话语，像对不起，麻烦你，请你，你会介意吗？谢谢你！这些简短的话，不仅能够减少人与人之间的纠纷，而且还能自然地表现出高贵的人格。

几乎你所遇到的人，都觉得自己若干方面比你优秀，这是一个不争的事实。我们可以以此来打动他人的心弦，你可以通过简单的话语，巧妙地使他明白，你承认他在某些方面最重要，记得要用真诚的语气。

莎士比亚曾经这样说过："人，骄傲的人，借着一点短促的能力，便在上帝面前胡作妄为，使天使为之落泪。"所以不要刚有一点成就，就立刻显得骄傲自满，这只会引起别人的反感和不满。你要使别人喜欢你，必须真诚地使别人感觉到他的重要。

记住对方的名字

人对自己的姓名最在意，把一个人的姓名记住，很自然地叫出口来，这是一种最简单、最明显，而又最能获得好感的方法。

弗莱去马棚里拉出一匹马来，那匹马被关在马棚里已经有多天了，它被放出来后非常高兴，身体打转双蹄腾空，弗莱被活活踢死了。

弗莱死后留给他妻子和三个孩子的仅是几百元的保险金。弗莱的大儿子吉姆只有十岁，为了养家，就去一家砖厂做工，他的工作是把沙土倒入模子里压成砖瓦。吉姆没有机会受更多的教育，可是他有达观的性格，使人们自然地喜欢他，愿意跟他接近。他后来参与政治，经过多年磨炼后，逐渐养成了一种善于记忆人们名字的特殊才能。

吉姆虽然没有进过中学，可是到他而立之年已有四个大学赠予他荣誉学位。他当选为民主党全国委员会主席，担任过美国邮务总长。有一次，我专程去拜访吉姆先生，请他告诉我他成功的秘诀。吉姆只简短地告诉我两个字："苦干！"他的这个回答，让我觉得是在敷衍我，我感到不满意，所以摇摇头说："吉姆先生，别开玩笑。您已经很成功了，不怕人和你竞争了。"

他问我："你认为我成功的原因是什么呢？"而我不假思索地回答他说："吉姆先生，我知道你有一个特异功能，能叫出一万个人的名字来。"吉姆对我说："你错了！我大约可以叫出五万个人的名字。"原来，吉姆在一家公司做推销员的那些年中，他还担任了洛克雷村的书记，使他养成了一种记忆别人姓名的方法。这套方法很简单。他每遇到一个新朋友时，就问清楚对方的姓名，家有几口人，做什么和对当前政治的见解。

他问清楚这些后，就牢记在心里。下次再遇到这人时，即使已相隔了一年多的时间，还能拍拍那人的肩膀，问候他家里的妻子儿女，甚至于还可以谈谈那人家里后院的花草。

罗斯福开始竞选总统前的几个月中，吉姆一天要写数百封信，分发给美国西部、西北部各州的熟人、朋友。而后，他乘上火车，在十九天的旅途中，走遍美国二十个州，经过一万两千里的行程。他除了乘火车外，还使用其他交通工具，像轻便马车、汽车、轮船等。

吉姆每到一个城镇，都去找熟人做一次极诚恳的谈话，接着再赶往他下一段的行程。当他回到东部时，立即给在各城镇的朋友每人一封信，请他们把曾经谈过话的客人名单寄来给他。那些不计其数的名单上的人，他们都得到吉姆亲密而礼貌的复函。

吉姆早就发现，一般人对自己的姓名最感兴趣。把一个人的姓名记住，很自然地叫出口来，你便对他含有微妙的恭维、赞赏的意味。若反过来讲，把那人的姓名忘记，或是叫错了，不但使对方难堪，而且对你自己的形象也是一种很大的损害。

我在巴黎曾经组织过一个讲习班，用复印机分函给居留巴黎的美国人。我雇用的那个打字员英文水平很差，填打姓名时自然就发生了错误。其中有个学员，是巴黎一家美国银行的经理，我接到他一封责备的信。原来我那个法国打字员，把他的姓名字母拼错了。可见，每个人对自己的名字是多么在意，而记住别人的名字又是多么的必要。

当我是苏格兰的一个小孩时，曾得到一公一母两只兔子，不久，我就有了一窝小兔。可是，我找不到可以喂它们的东西。但是我想出一个聪明的主意来。我跟邻近的那些小孩子说，如果谁去采小兔吃的东西，这只小兔就用谁的名字命名。这个主意功效神妙，使我永志不忘。在做事的时候，这种方法往往能解决棘手的问题。

安德鲁·卡耐基要将钢轨售给宾夕法尼亚铁路局，这家铁路局的局长是汤姆森。所以安德鲁就在匹兹堡建造了一个大钢铁厂，命名为"汤姆森钢铁厂"。由此不难想象，宾夕法尼亚铁路局采购钢轨时，汤姆森会同意去哪一家买？

有一次，安德鲁和普尔姆竞争小型汽车、小客车业务的经营权。当时安德鲁负责的中央运输公司和普尔姆所经营的公司，双方争取太平洋铁路的小型汽车、小客车业务，互相排挤，接连削价，几乎已侵蚀到安德鲁可以获得的利益。安德鲁和普尔姆都去纽约见太平洋铁路局的董事会。

那天晚上，安德鲁在圣尼古拉大饭店遇到了普尔姆，就对他说："晚安，普尔姆先生，我们两个人是不是都在作弄我们自己？"普尔姆问："你这是什么意思？"于是安德鲁就说出自己的见解，说出希望双方的业务合并起来，由于双方并不竞争，可以获得更大、更多的利益。普尔姆虽然注意听着，但并没有完全相信他，最后普尔姆问："这家新公司，你准备叫什么？"

安德鲁马上就回答："那当然叫普尔姆皇宫小型汽车、小客车公司。"普尔姆那张绷得紧紧的脸顿时松弛下来，说："安德鲁先生，到我房里来，让我们详细谈谈！"就是那一次的谈话创造了安德鲁·卡耐基企业界新的奇迹。

人们都重视自己的名字，尽量设法让自己的名字流传下去，甚至愿意付出任何的代价，即使牺牲也在所不辞。很多人不记得别人的名字，只因为他们认为没有必要下工夫和精力去记。如果问他们为什么，他们可能就会为自己找借口，说自己很忙。

可是，一种最简单、最明显而又是最重要的获得好感的方法，就是记住对方的姓名，使别人感到自己很重要。无论是在政治上、事业上还是交际上，记住他人的姓名都是非常有必要的。

倾听比倾诉更重要

现在的社会，人与人之间越来越没有耐心。我们很难耐心地听完一位不相干的人的讲话，很多时候，我们听着别人的讲话，就会想着去做自己的事情。有些人不能给人留下好印象的原因，是由于不注意倾听别人的谈话，这些人关心自己下面所要说的是什么，可是他们从不倾听别人说的话。

很多人都不明白，交流的关键并不在于你说了什么，而在于你是否认真倾听。我们会发现，那些喜欢插话、抢话的人很难获得别人的好感，而那些很少说话，安静倾听的人却备受欢迎。

早些时候，我曾被邀请参加一次桥牌界的聚会。对我来说，我并不了解桥牌，碰巧的是，还有另一位不会玩桥牌的人，她是一位漂亮的女士。她对我有一些了解，知道我曾一度做过汤姆斯的私人助理，那时候汤姆斯在欧洲各地旅行，而我则负责帮助汤姆斯录下他沿途上的所见所闻。在我们互相介绍后，她便对我说："卡耐基先生，能不能请你告诉我，你所看到的离奇景色和你所经过的名胜有哪些地方？"

我们聊得很投缘，当我们在旁边沙发椅上坐下后，就聊到了她和她丈夫的一次非洲之旅。我当时对这位漂亮女士说："我总想去一次非洲，可是除了在阿尔及尔停留过24小时外，非洲其他地方我就没有去过，你去了值得你缅怀的地方，那是多么幸运，我真羡慕你，关于非洲的情形你能告诉我吗？"

这位女士似乎受到了莫大的鼓舞，她开始不断讲述她们在非洲的见闻，并且不再问我看见过什么东西，或是到过什么地方。她一个人讲了45分钟的非洲故事，而我则安静地倾听，使她能扩大她的"自我"，而讲述她所到过的地方。

谈话结束后，我们都很愉快，我听了一个有趣的故事，而她则重温了一段难忘的经历。

这位女士并没有与众不同之处，大多数人都像她那样"自我"，渴望向别人表达自己，这是人的天性。但我想告诉你：倾听也是谈话的一部分，真正的谈话高手往往都是很少说话的倾听者。

我在纽约出版商格林伯的一次宴会上，遇到了一位著名的植物学家。此前，我从未接触过植物学，但是我觉得他讲述的那些事情都很有趣。我当时完全被他的话吸引了，坐在椅子上听他讲有关大麻、大植物家"浦邦"和布置室内花园等事，他还给我讲述了一些关于其他植物的事情。

这次宴会，我们在一起相处了数小时，在座的其他十几位客人都被我忽略了，我一直在和这位植物学家交流。

宴会结束时，我向在座的每个人告辞，这位植物学家在主人面前赞美了我，说我是一个"极富激励性"的人。他还指出我是他见过——最健谈、最风趣，具有"优美谈吐"的人。事实上，我知道自己几乎没有说话，因为我一点都不懂植物学，即使我想谈，也不知道该从何谈起，但我还是成为了有"优美谈吐"的人。

我的谈吐就是静静地倾听，我正是这样做的。我静静地、认真地听这位先生讲述他迷人的植物学。我确实用心了，对他讲的那些，我产生了浓厚的兴趣，并沉醉其中。他看到了我的反应，自然地就会十分高兴了。

静听是我们对任何人的一种尊敬和恭维的表示。在这次谈话中，我的静听传达出了很多信息，我告诉那位植物学家，我受到他的款待和指导；我告诉他，希望能同他一起去田野散步，同时我希望能再见到他。事实上，我被他惊人的学识折服了。

伍德福德在他《相爱的人》一书中，曾经这样说过："很少有人能拒绝那种隐藏在专注倾听中的恭维。"正是如此，这位植物学家认为我是一位健谈、谈吐优美的人。其实，我只不过是善于静听，并且善于鼓励他谈话的人而已。

伊利亚说："一桩成功的生意往来，没有什么神秘的诀窍，最重要的就是专心静听着对你讲话的人，再也没有比这个更重要的了！"不仅是生意，很多谈话都是这样，倾听是沟通的开始，这并不是什么诀窍。

著名记者马可逊曾访问过很多风云人物，他说："有若干成名人物，曾这样跟我说，他们所喜欢的，不是善于谈话的人，而是那些静静听着的人。能养成善于静听能力的人，似乎要比任何好性格的人少见。"不只是大人物喜欢静听的人，普通人也同样喜欢，他们都喜欢那些听自己讲话的人。

如果你不懂得仔细听人家讲话，只会不断地谈论你自己，那人们都会远远躲开你，背后笑你，甚至轻视你。如果别人正谈着一件重要事情时，你发现你有自己的见解，不等对方把话说完，马上就提出来，那你会发现再也不会有人和你谈话，大家见到你都不会说什么。

在你想来，对方绝对不会比你聪明，你为什么要花那么多时间去听那些没有见解的话？是的，所以你不断插嘴，用自以为很有见地的话去制止别人发表他的看法。但你从没想过，他们并不需要你的看法，他们只是想要发表一下自己的看法，想要找一个倾听的人。

不要被自己的自私心和自重感所麻醉，这会让你被人憎厌。一个人只知道谈论他们自己，永远只会为自己设想，这种人是无药可救，没有受过教育的。

你如果想要成为一个谈笑风生、受人欢迎的人，那你首先需要静听别人的谈话，提出别人喜欢回答的问题，鼓励对方多谈他自己和他的成就。

送对方一个好名声

我培训我的学员，不论是哪方面的培训，其实最终只有一个目的：改变并提升他。但在培训他们的过程中我发现，如果你要改变一个人的某一方面，你就要做得好像那个优点已经是他的。举个例子说，制造厂里一个好工人变成粗制滥造的工人，你会怎么做？是的，你可以马上解雇他，但这并不能解决任何问题，你还要再找个工人进行入职培训，这样很麻烦。当然你也可以责骂他，但这只能引起他的怨怼。那么，改变他就成为了我们最终的目的，接下来的问题是，我们怎么做才能有效地改变他。

印第安那州洛威一家卡车经销商的服务经理亨利·汉克斯看到公司有个工人的工作越来越糟糕，但亨利·汉克斯没有责备他，而是把这个工人叫到办公室里来，跟他坦诚地谈了谈话就改变了他糟糕的工作状态。

亨利·汉克斯这样说："亲爱的比尔，业界都说你是个很棒的技工，我也这样认为。这几年你一直在这第一线上工作，从没出过差错，你修的车子也都很令顾客满意。其实，有很多人都赞美你的技术好。可是最近，你是不是身体出现了问题呀？因为你完成一件工作所需的时间加长了，而且你的质量也比不上你以前的水准。你以前真是个杰出的技工，我想你一定知道，我对这种情况不太满意。也许我们可以一起来想个办法改正这个问题。"比尔回答说他并没有察觉自己没有尽好职责，同时像是突然醒悟起来一样向汉克斯保证，他所接的工作并未超出他的专长之外，他以后一定会改进它。

当我的学员听到这个故事后会问，比尔改进工作了没有？你可以肯定他做到了。他曾经是一个快速优秀的技工。有了汉克斯先生给他的那个美誉，他怎么会做些比不上过去的事呢。因为每个人都有维护自己好名声的潜意识，比尔也会有。

琴德太太是我的朋友，她在纽约白利斯德路居住时雇了一个女佣，琴德太太告诉她下星期一开始来工作。为了弄清这个女佣的底细，琴德太太就打电话给那女佣的旧主人，旧主人说这个女佣并不好，并且还数落了这个女佣的很多坏毛病。但是，尽管这样，琴德太太还是雇佣了这个女佣。

当那女佣第一天来上班的时候，琴德太太对她说："亲爱的莱莉，前天我打电话给你以前做事的那家太太。她说你会做菜，会照顾孩子，诚实可靠，不过她也说了一些缺点，比如你平时很随便，从不将屋子打扫干净。可我一见到你，突然觉得她说的这些缺点是没有根据的，你看看，你穿得如此的整洁，这是谁都可以看出来的，我可以肯定，你收拾的屋子一定同你的人一样整洁干净。我也相信，我们一定会相处得很好。"

后来，琴德太太和女佣果然相处得非常好，莱莉要顾全她的名誉，所以琴德太太所讲的，她全都做到了。她把屋子收拾得干干净净，她宁愿自己多费些时间，辛苦些，也不愿意破坏琴德太太对她的好印象。

包德文铁路机车公司总经理华克莱曾这样说："一般人，如果你得到他的敬重，并且对他的某种能力表示敬重的话，他会很乐意接受你。"

我也可以这样说，如果你想改变一个人某方面的缺点，你要表示出他已经具有这方面的优点了。莎士比亚说："如果你没有某种美德，就假定你有。"最好是先"假定"对方有你所要激发的美德，给他一个美好的名誉去表现，他会尽力去做，而不愿使你感到失望。人性的弱点是喜欢"戴高帽"。

雷布兰克在她的《我和马克林的生活》一书中讲述过一个女佣的惊人改变："我每天让隔壁饭店给我送饭菜来，我看到店里有个女佣，人们都叫她'洗碗的玛莉'，因为她是厨房里的一个帮手，主要工作就是洗洗碗。她长得不仅不漂亮，而且还长相古怪：一对斗鸡眼，弯弯的两条腿，瘦得像非洲难民，身上没有四两肉，整日无精打采、迷迷糊糊的，一点也不讨人喜欢。我曾经和他的老板沟通过这个问题，老板告诉我，玛莉不可救药了，尽管自己好几次给她涨工资，但她干活还是那么糟糕。

"有一天，饭店又让她给我送餐，当她端着一盘面来时，我很坦白地对她这样说：'玛莉，你不知你身上有什么与众不同的地方吗？'听了我的话，玛莉平时似乎有约束自己感情的能力，生怕会招来什么灾祸，不敢做出一点高兴的样子。她把面放到桌上后，叹了口气，巧妙地说：'太太，我是从来不相信这些恭维话的。'她嘴上这样说，其实心里没有怀疑，也没有提出更多的问题，只是回到厨房，反复思索我所说的话，深信这不是人家开她的玩笑。就从那天起，玛莉自己似乎也考虑到我的话了，她自己已起了一种神奇的变化。她开始注意修饰她的面部和身体。她那原本枯萎了的青春，渐渐洋溢出鲜活的气息来。

"一段时间之后，当我要离开那地方时，她突然告诉我，她就要结婚了，新郎是厨师的侄儿。她悄悄地告诉我：'我要去做人家的太太了！'她向我道谢。我只用了这样简短的一句话，就改变了她的人生。"

人总是要激励的，雷布兰克给"洗碗的玛莉"一个美好的名誉，就是那个名誉改变了她的一生。

有一天早晨，牙医马丁发现他的病人指出她用的漱口杯托盘不干净时，他真的羞愧极了，这显然表示他的职业水准是不够的。当这位病人走了之后，马丁就关了自己的诊所，并写了一封信给布利基特女佣，让她一个礼拜来诊所打扫两次。马丁是这样写的：亲爱的布利基特：最近很少看到你，甚念，但是我想我还是抽点时间，为你给我的诊所做的清洁工作致意。顺便一提的是，每周两小时的工作量并不算少。假如你方便，请随时来工作半个小时，做些你认为应该经常做的事，比如清理漱口杯托盘等这些烦琐细微的工作。当然，我也会为这额外给你报酬的。

第二天马丁走进办公室时，他的桌子和椅子擦得几乎跟镜子一样亮。当他进了诊疗室后，看到从未见过的非常干净、光亮的铬制杯托放在储存器里。他给了她的女佣一个美誉，而且就只为这一个小小的赞美，她使出了最卖力的一面。她用了多少额外的时间呢？对了，一点都没有。

我的家乡有这样一句古语："如果不给一条狗取个好听的名字，不如把它吊死算了。"几乎包括了富人、穷人、乞丐、盗贼，每一个人都愿意竭尽其所能，保持别人赠予他的诚实的美誉。

"星星"监狱长劳斯说："如果你必须去对付一个盗贼、骗子，我想，只有一个办法可以制服他，那就是待他如同对待一个体面的绅士一样。假设他规规矩矩的，他会感到受宠若惊，他会很骄傲地认为有人信任他。"

第三篇

赢得他人支持的心理密匙

用尊重换来对方的信任

　　每个人都渴望得到他人的尊重，但并不是每个人都能做到尊重他人。在社会交往过程中，建立信任是极其重要的一环，倘若没有信任，那么，朋友和陌生人又究竟有什么区别呢？仔细观察周围的人们，有哪些是信任你的，哪些又是你信任的呢？思考一番后，不难发现，凡是我们信任的人，都是给予我们足够尊重的人。这足以说明，尊重是建立信任关系的基础，没有尊重就没有信任，而没有信任，那么所谓的社交便毫无价值。

　　人们乐此不疲地参加各种社交活动，其最直接的目的就是赢得更多人的信任，从而获得帮助或者心灵上的慰藉，如果没有信任，这些便都无法成立。要想赢得陌生人的信任，首先就要做到尊重。世界上永远都没有两片完全相同的树叶，每个人都有自己的立场、想法和观点，我们常常会犯这样一个错误，那就是把自己的想法强加给他人，并试图说服对方和自己保持一致。实际上，这并非一个好习惯，毕竟每个人都有权保持自己的独特性，彼此间真诚尊重，求同存异，这才是最为明智的社交态度和立场。

作为一名专业试飞员，鲍勃·胡佛的大名在整个20世纪都如雷贯耳，他不仅擅长试飞各种飞机，而且还常常参加各类航空展览，并表演花式飞行。当年，他曾参加在圣地亚哥举行的航空展览。表演结束后，他驾驶飞机赶回洛杉矶，谁知，在飞行过程中却遭遇了一次惊心动魄的逃生之旅。

当时的《飞行》杂志曾经刊载了这则事件，鲍勃·胡佛在回洛杉矶的途中，他所驾驶的飞机引擎突然熄火，要知道飞机毕竟和汽车不同，汽车引擎熄火最多只会抛锚而已，但飞机可是在距地面300尺的空中，一旦熄火就意味着飞机即将自行坠落，这对于一名飞行员来说，就是一场灾难。但幸运的是，鲍勃·胡佛的飞行驾驶技术十分纯熟，经验也十分老到，他操作着熄火的飞机开始滑行迫降，并成功着陆，但飞机却因此而遭到了严重损坏，不幸中的万幸是，所有人都没有受伤。

作为一名经验丰富的飞行员，鲍勃·胡佛脱险后第一时间便检查了飞机的燃料，令他吃惊的是，这架螺旋桨飞机所使用的燃料居然不是汽油而是喷气机燃料，正是这一致命错误导致了飞机引擎的熄火，并差点让随机的三人死于非命。

经过种种艰难险阻，鲍勃·胡佛终于回到了洛杉矶机场，这时，他要求见一见负责这架飞机保养的机械师。因为机械师工作失误而造成的人为空难，相信任何一个飞行员都会为此而感到愤怒，但鲍勃·胡佛并没有发火，不管对方犯了怎样的错误，对于一个从未谋面的工作伙伴来说，尊重是最起码的要求。

很快，鲍勃·胡佛就见到了这位年轻的机械师，他已经意识到自己的失误，并为此而泪流满面，因为他的工作失误，一架飞机无缘无故地遭到了严重损坏，所造成的经济损失十分巨大，更不用说险些闹出人命。愧疚的机械师此时的情绪显得十分低落。

面对让自己险些丢掉性命的罪魁祸首，胡佛没有一句责骂，也没有一句批评。他深深地明白尊重是为人处世最起码的要求，要想赢得对方的信任，首先就要信任他人，正是因为如此，他没有丝毫责备，而是用手臂紧紧抱住机械师的肩膀，并意味深长地说道："为了显示我相信你不再犯错误，我要你明天再为我保养飞机。"

两个陌生人从相识到建立起信任，就必须有一个人主动敞开心扉，唯有我们像花儿对太阳敞开胸怀一样，去接纳他人，主动去信任他人，才能在最短的时间内赢得对方的信任。在现实生活中，总有一些人不懂得如何去尊重他人，他们常常以自我为中心，不愿意接受他人的看法，甚至在自己讲话的时候都不允许对方插嘴，实际上这些都是不尊重他人的做法。

受人尊重是所有人的一种心理需求，如果连最起码的尊重都没有得到，又如何才能信任他人呢？所以，我们既要懂得尊重，还要学会尊重，不仅要尊重自己，更要尊重他人。

生活中，我们要尊重他人与自己的相异之处，每个人都是不同的，尊重对方与自己的共同点容易，但接受对方的差异却并不容易。要想赢得他人的信任，就要学会宽容，不要用自己的思想一味去苛求对方，而是正视其不同。

此外在与人相交的过程中，要主动抛出"信任"的橄榄枝。人们往往会存在这样的心思：只要对方信任自己，那么，我必定会信任他。但每个人都希望对方先信任自己，于是等来等去，时光蹉跎，而我们却白白浪费了获得彼此信任的契机，如此一来岂不可惜？不妨先人一步，主动抛出"信任"的橄榄枝，我们以尊重和诚意为礼，必然能够更容易地获得对方的信任。

对他人真心关注

那些重要的人士所得到的关怀已经很多了，所以你不能只关注那些重要的人。对那些秘书、助理、接待员等也需要我们给予真心的关注。他们可使你的生活正常有序，但却经常被你忽略。时常问一问他们最近的高兴的事情，这样最起码会让信件更快地到达你的办公桌。

琳·波维奇任职《职业妇女》杂志主编，她曾在《新闻周刊》杂志工作了很长时间。刚刚开始工作时，她是一名秘书，经过自己的努力，升至研究员，后来荣任《新闻周刊》第一位优秀女性资深编辑之职。这个职位表示那些曾经管她的作家和编辑现在都开始受她的督导。

波维奇对我说："事情开始变得有趣。"同事们都认可波维奇的晋升，认可她的能力，但是有一位编辑不以为然。波维奇说："那位编辑其实不是因为讨厌我，而是因为他认为我仅仅凭借性别获得了这个职位，而他无法接受这个安排。他觉得我并非真才实学，但当着我的面儿，又总是若无其事的样子。我反而是从别人的口中得知他的态度的。"

在波维奇晋升六个月后，那位男编辑对于他的不以为然道歉了。有一天，这位编辑走进波维奇的办公室，坐到她对面，坦言说："我必须告诉你，我对你的晋升一开始感到不公平，你太年轻，经验不足，得到这个职位或许是因为你是个女人。

"但是，这半年来，你说服了我，你对工作有着浓厚的兴趣；很关心编辑和作家们，我真的很感激你。因为在你之前的编辑都只是把这个职位当成跳板，但你却让我看到了你对这个工作真正感兴趣，不仅如此，对每个人也充满了兴趣。"

在《职业妇女》杂志新职位上的做事风格是波维奇用很长时间培养起来的。她认为，作为领导你应该关心每一个人，认真地关心他们，决不能拒人于千里之外。她常常和同事们交谈，她们有一套聚会系统，每个同事都知道某一天的哪个时间可以有机会单独和她谈话。她对每个人的工作感兴趣，也对他们本人感兴趣。

你只有对别人表示真正的关注，才能让别人对你也感兴趣。人们在别人的真诚帮助下总是会有回应的。其中有一个最基本的心理因素在起作用：得到别人的真正关注，总是让人非常高兴的，会让我们觉得自己与众不同，觉得举足轻重。喜欢与对自己感兴趣的人来往，跟他们建立友谊，以报答关切之情，我们常常也会对他们多加关注。

汤姆·哈特曼是纽约天主教会中的一位名人。他多年来主持过3800场婚礼，并且为一万多名新生的婴儿施洗。很多人都请他主持。难道是没有其他的神父可请吗？当然不是，因为哈特曼表现出了比别人更多真诚和浓厚的关切之情。

哈特曼不是格式化的一成不变地主持婚礼。他通常会花很长的时间去了解新人，为了真正接触他们，他会邀请他们到自己的住所，也会拜访他们的住所。在准备的几个月中，他会让他们介绍自己。这样，他才能主持符合个人需求和兴趣的婚礼。

哈特曼会对新娘说，他答应主持这场婚礼并不只是把它当作一个礼仪。他要挖掘其中真正的奥秘，以使婚礼设计得超乎想象的浪漫美好。因此，他说，他需要了解两位新人，了解他们对彼此的关系有什么看法，到底深爱对方什么；相爱期间有没有什么挑战，又是如何应对和克服的。所有的一切，哈特曼将会在婚礼中提起。

哈特曼的工作绝非易事，要达到的目标是使两位新人能够更加了解对方。他说："他们会发现我对他们一生中最关键的时刻是如此的重视，很多时候，他们会愿意听我的。"

对婴儿施行洗礼也是认真对待，他会了解这家人和所有一切对于婴儿的诞生有着特殊意义的事情。在对一个单亲妈妈的孩子施洗时，哈特曼甚至陪着母亲上有关生产的课。

哈特曼说："由于自己的这种关切，当我在建议丈夫应该陪着妻子上课时更加地具有说服力。我自己都去过拉马兹教室，那些男士才能信服。而我也会鼓励他们去参加。"很多从那场动人的经历回来的人都说："如果我没有真正的经历，我是永远对此一无所知的！"

有很多种方法可以表示对别人充满兴趣，而且很多时候是很容易的。譬如：当你碰到逛街的朋友，会对这次的偶遇表示出真心的喜悦。用开心的声调去回答和打招呼，是你对别人感兴趣的表示。

一家投资公司的财务长大卫·泰勒表示："关于这个人和这个人的职业我是牢牢记住的。只要我一看见麦克利斯特先生，就会联想到他的工作，永远记得他在必治廷公司上班。这两件事情在我的脑海里是紧密地连接在一起的。我能够记住这些，但是我发现并不是所有人都具备这种能力。"

记住别人的名字，你也许无法想象它能发挥出多大的效果。泰勒在他从事的饮料业担任主管的时候就深刻地体会到，这一点是非常重要的。他说："当时我在加拿大的一家饮料公司上班，航空界的人都是大客户，这听起来有点奇怪，但是我认为认识他们是非常重要的。就像格鲁曼飞机公司的员工非常多，他们的公司也装了很多的饮料贩卖机。"知道一些人名和与他们有关的东西，这对开阔市场是十分有益的。

用温柔和善的态度沟通

如果一个人因为与你不和，并对你怀有恶感而对你心怀不满，那么你用任何办法都不能使他信服于你；如果一个人不愿改变他的想法，那么即使你勉强或迫使他也是徒劳无功。但如果我们温柔友善——非常温柔，非常友善——我们就能引导他们和我们走向一致。

大约在一百年前，林肯就曾对此发表过自己的看法，他说："一句古老的格言说：'一滴蜂蜜比一加仑胆汁能捕捉到更多的苍蝇。'对人也是这样。如果你要让别人同意你的观点，你就要先使他相信你是他真正的朋友。这就犹如一滴蜂蜜，用一滴蜂蜜赢得了他的心，那么，你就能使他走在理智的大道上。"

做人之道贵在柔善，柔善者人愿与其善，那么再困难的问题也能"软着陆"。

我曾读过一则关于太阳与风的寓言：

风和太阳争论谁更强劲有力。

风说："我可以证明我更加强大。你看见那边那个穿大衣的老人了吗？我敢打赌，我能比你更快地使他脱去他的大衣。"

太阳摇头不语，微笑着躲到了云朵后边。

风开始刮起来，越来越大，几乎刮成一场飓风，但它刮得越厉害，那老人越是将大衣裹得紧紧的。

最后，风筋疲力尽地放弃了，平静下来。接着，太阳从云朵后钻了出来，对老人温柔和善地"微笑"。过了一会儿，老人开始擦拭额头上的汗滴，脱下了他的大衣。

太阳告诉风说："温柔和友善永远要比愤怒和暴力更强劲有力。"

一位交际界的知名女士——长岛沙滩花园城的戴尔夫人的故事证实了这则寓言真理。她是我班上的一个学员。下边就是戴尔夫人在班上所叙述的故事：

"我最近请了几位朋友共进午餐，对我来说，这是一个非常重要的聚会。因此我当然希望事事顺利，宾主尽欢。我的管家艾米平时在这类事情上是我的得力助手，但是她这次却让我失望至极。午餐搞砸了。根本看不到艾米的人影，她只派了一个侍者来招待我们。但这个侍者对高级招待全然不懂，做出来的肉又粗又老，马铃薯也是油腻腻的；招待过程中更是错漏百出。有一次他竟用一个很大的盘子给一位客人端了一小块芹菜。总之，我非常恼火，情绪坏透了。午餐当中，我一直强装笑脸，但我不断地对自己说：'等我见了艾米，一定饶不了她。'

"这是星期三发生的事。第二天，我听了一场关于人际关系的演讲课。之后，我意识到，即使责骂艾米一顿也是无济于事的，那反而会使她变得不高兴而对我怀恨在心，并且将来再也不愿帮助我了。于是我尽可能地从她的立场来看此事：菜不是她买的，也不是她做的，她的手下笨拙，她也没有办法；或许我平时过于严厉，容易发火，所以我决定不再批评她，而改用柔善的态度与她沟通。我决定用赞赏来做开场白——这种方法非常见效。

"次日，我见到了艾米。她似乎早就有所准备，正严阵以待想与我大吵一场。我说：'啊，艾米，我想让你知道，当我款待客人时，如果你能为我服务，将会对我大有帮助。你可是纽约最好的管家。当然，我完全了解你没有买那些菜，也没有烧那些食物。至于星期三发生的事，你是无法控制的！'

"于是，阴消云散了。艾米微笑着说道：'是的，夫人。问题错在厨师。那不是我的错。'

"我接着说：'我已经安排好了下一次的聚会。艾米，我需要你的建议。你是否认为我们应该再给厨师一次机会呢？'

"'哦，当然，夫人，一定要这样。上次那样的事永远不会再发生了。'

"下一星期，我又请了客人吃午餐。艾米和我一同设计好了菜单。她主动提出只收取一半的服务费，而我也不再提起她过去的错误。

"当我和我的客人们来到宴会厅时，餐桌上摆放着两束鲜艳的美国玫瑰。这次午餐由四位侍者服务，食物醇美无比。艾米亲自在场照应。她殷勤周到，服务热情，做得尽善尽美，即使是宴请玛丽皇后，也不过如此。宴会快结束时，艾米亲自端上了可口的水果作为甜点。

"吃完午餐，在我们临走的时候，我的客人问道：'你对那个管家施了什么魔法吗？我可从未见过这样完美的服务，也从未见过这样殷勤的招待。'

"她说得的确不错，我已经对她施了友善待人和真诚赞赏的法术。"戴尔夫人如是说。

如果一个人能够意识到温柔和善的态度能够更好地改善人际关系，那么他在日常言行中也会表现得温柔和善。强暴粗鲁的态度永远不可能赢得好人缘，只有柔善的态度才能征服别人的内心。

无论是狂风暴雨还是艳阳高照，无论是沧海巨变还是命运逆转，态度柔善的人永远都是平静沉着、温柔友善的，他宛如烈日下一棵浓荫片片的树，或是暴风雨中抵挡风雨的岩石。也正因此，他总是受到人们的爱戴和尊敬。试问，又有谁会不爱一个心灵柔善、温和敦厚的生命呢？

换位思考，投其所好

每个人都有需要和爱好，并且都希望自己的需要和爱好得到满足。而当一旦有人能够理解和满足其需要和爱好的时候，就会使对方产生一种信任和好感，也乐于同对方进行合作与交流。这样一来，满足他人需要和爱好的人其本身的需要和爱好也就可能从对方那里得到满足。正是根据这个道理，人们乐于用投其所好的策略和技巧来达到自己的目的。

将投其所好作为一种推销的技巧和方法用于推销实践中，其基本的思想就是为了使推销达成有利于己方或者有利于双方的协议，简单来说就是"双赢"。推销者根据对方的需要、爱好，有意识地迎合对方，使双方达成共识，在找到了共同点的基础上再进一步提出自己的要求和条件，使对方易于接受和认可，进而使自己的推销目标得以实现。

乔·吉拉德是美国著名的汽车推销员，由于其卓越的推销业绩，被业界称为"世界上最伟大的推销员"。他的汽车零售纪录已经被载入吉尼斯世界纪录，至今无人打破。那么，他为什么能取得如此辉煌的成就呢？乔·吉拉德本人的总结就是——对顾客投其所好。

有一对夫妇结婚已经十年了，可一直都没有孩子。因此，太太养了几只小狗，把小狗视为孩子般疼爱。

有一天，先生一下班，太太便唠叨了起来，说来了一个推销员，看到小狗们在她跟前绕来绕去，却视若无睹，这使得她又伤心又生气，根本就没有心思看那个推销员的东西。

又有一天，先生一下班，太太便兴高采烈地对他说："你不是说要买一辆车吗？我已经约好了雪弗兰汽车公司的推销员乔·吉拉德星期天来洽谈了。"

先生一听，甚为不悦："我是说过要换一辆车，但没说过现在就买呀！你为什么要自作主张呢？"太太只好告诉了他事情的经过。

原来，雪弗兰汽车公司的推销员乔·吉拉德也是一个爱狗之人，看到这位太太养的狗，便大加赞赏，说这种狗毛色漂亮，有光泽，又清洁，黑眼圈、黑鼻尖，乃是最高贵的优良品种。乔·拉德的话说得这位太太芳心大悦，如见知音，便对他产生了深深的好感，很快就答应让他星期天来找她的先生进一步详谈。

这位先生确实想换一辆新车，但他优柔寡断，一直拿不定主意该换什么车，现在既然推销员乔·吉拉德上门来推销新车，看一看又何妨呢。

星期天，乔·吉拉德依约而至。通过一番交谈后，这位先生很快就被乔·吉拉德说服了，因为乔·吉拉德仿佛能看得出先生心里的真实想法，句句话都投中先生所好，令先生最后"当机立断"，买下了他介绍的车。

在乔·吉拉德的推销生涯中，类似于这样的经历数不胜数。他心里非常清楚，只要你懂得说客户最爱听的话，只要你卖客户最爱的车，你就能轻而易举地拿到汽车订单。乔·吉拉德曾经说过，像这样"爱犬"的夫妇非常多，只要你能够投其所好，表现出对他们宠物的喜爱，他们就会把你当成好朋友。事实上，"爱孩子"的夫妇就更多了。如果你能够表现出对一对夫妇的孩子非常地喜欢，并夸赞孩子夸赞得非常到位，该夫妇会马上对你产生好感，把你当成好朋友。

打动人心的最佳方式是跟对方谈论其最感兴趣的、最珍爱的事物，即投其所好。如果你这样做了，成功就会离你越来越近。"说别人喜欢听的话，双方都会有收获"，这是世界上最伟大的推销员乔·吉拉德的一大成功心得。

推销员的推销手段实施后的结果并不重要，重要的是能让顾客参与到过程中，用顾客的喜好指引他去购买你的商品，所以推销产品一定要让顾客看到、听到、尝到、闻到、感觉到，要让顾客沉浸和陶醉在你的商品之中，闻闻商品的味道、摸摸商品的触觉等小小的细节都可以激起他的购买欲。你的推销自然就水到渠成。

一位飞机推销员致电休斯公司总裁霍华德·休斯，向他推销喷射引擎飞机。休斯是个保守派人士，他当时认为休斯公司负担不起购买飞机的经费。但推销员则认为购进飞机能为公司省下可观的时间成本，让他便于出访，并提高工作效率。

这位推销员告诉休斯说："先生，我们有一架绝对符合你的要求的喷射引擎飞机，我想让你试乘看看。"休斯经过一番考虑后接受了这项提议，他虽然感到满意，但他并不觉得有必要买下这架飞机。于是，推销员告诉他说："先生，我们这里不会用到这架飞机，您可以留下它，把它当成你自己的飞机用吧！你并不需要承担任何义务！"

这个当然是难以回绝的提议，因为休斯公司并不需要承担任何义务。刚好这星期休斯必须往返各处，而这架飞机促使他能够更有效率地执行他的任务，当然旅程也很舒适。

一星期过后，推销员回来试图做成这笔交易时，休斯仍然无意买下这架飞机。推销员于是向他表示："因为我们这个月都不会用到这架飞机，你继续留下它，把它当成自己的飞机用吧。"休斯犹豫了一阵子，然而推销员坚持要他留下飞机。休斯这一个月期间着实好好利用了这架飞机。一个月过后，休斯已经习惯利用这架飞机往返各地了。当推销员回来取"他的"飞机时，休斯已经离不开给他提供舒适旅程的飞机了，他当然有办法说服公司投资这笔钱了。

对推销员而言，可以说，顾客的爱好决定着推销员的具体工作。只有投其所好，按照顾客之所想而想，根据顾客之所好而好，才能让顾客心甘情愿买下你的商品，使推销任务顺利而圆满地完成。

有些时候，我们很难用一个简单的对与错来衡量某一事情，如果我们考虑问题的角度不一样，其结果当然不一样。因此，当我们面对某一问题时，如果仅仅从自己的角度去考虑，而不顾他人，往往就会失之偏颇，甚至做错事情，伤害他人。凡事设身处地，换个角度想想，原本疑惑不解的问题可能就变得豁然开朗了。

投其所好，是一门艺术、一种智慧，也是一种沟通的秘诀。它寻求的是不同职位、不同行业、不同经历的买卖双方的利益共同点。投其所好，是调动你的知识、才能以及各种优势，向客户发起的心理攻势，直至达到"俘获"对方的目的。

多给对方支持和鼓励

我有一个朋友，虽然他已经40岁了，但是还没有结婚。就在不久前，我收到了他的订婚请柬。他的未婚妻鼓励他学习跳舞，这对他来说，是有些迟的。他告诉我他学习跳舞时的情景："我一点也不知道，我为什么学习跳舞。现在我跳起舞来，和我20年前开始学习跳舞时的情况一样，我需要从头学起。我聘请的第一位老师，对我说了真话，他说我的舞步完全不正确。我需要从头学起。但是这种状况让我十分灰心。我不想再继续下去，所以我就辞掉了她。

"我又聘请了另一个老师。第二个老师或许并没有说实话，但是我听了却很高兴。她有些冷漠地对我说：'你舞步跳起来有点旧式，但是基本的步子掌握得还是很好。如果勤加练习，你一定会学会几种流行的新舞步。'

"在我看来，第一个老师，诚然说的是实话，却打消了我学习舞蹈的积极性；第二个老师却恰恰相反。她不断地称赞我、指点我，我自然而然地就减少了舞步上的错误。

"她非常肯定地对我说：'你本该是一位天才的舞蹈家，你有一种很自然的韵律感，这会让你不自觉地跟着旋律翩翩起舞。'不过，我知道自己的水平，只是一位四流的舞蹈者。但是她的一番话在我的心里掀起了不小的波澜。我想或许她说的是真的。是的，或许是，我付了学费，才使得她说出了那样的话。但不管是不是真的，我现在所跳的舞步，比她没说我有一种很自然的韵律感之前，跳得好多了。我很感谢她，因为是她的那句话，给了我希望，让我不断地进步，使我自己愿意付出努力去改进。"

1922年，加利福尼亚有一个年轻人，他贫穷到无法照顾自己的妻子，无法给她物质上的任何帮助。一贫如洗的他去教会的唱诗班卖唱。偶尔，他也去别人的婚礼上，现场唱上一首歌，来赚些钱养家糊口。他的生活贫困极了，他没有能力在市里找到房子住，只能够在乡下的一个葡萄园中，租一间最为廉价的破旧的房子，租这个房子只需12.5美金。

虽然租金已经足够便宜了，但他还是没有能力负担。这使他拖欠房东房租长达10个月之久。所以他只能靠给房东摘葡萄来偿还租金。后来他告诉我，他有时穷得只能靠吃葡萄来填饱肚子。

他几乎要放弃唱歌这个爱好了，而且他甚至认为没有人喜欢听他唱歌，他唱得一定非常难听，所以才会一直被贫困所困扰。因而，他找了一个推销载重汽车的工作。就在这个时候，他的朋友休士对他说："你的嗓音很有前途，你应该到大的地方去学习唱歌才会有更好的发展。"

这位年轻人就是席贝德。就是这样的称赞，使得他在内心不断地肯定自己，没有中断对音乐的追求。这样的称赞使得他的人生有了一次翻盘的机会，从此踏上了成功的道路。而去纽约的路费，都是他从朋友那里借来的。

就是他的朋友给了他一个肯定的称赞，才使得他愿意在追求音乐的道路上越走越远。

告诉你的孩子、你的丈夫或者你的员工，用近乎最严厉的口吻说，他在某件事情上犯了一个多么幼稚愚蠢的错误，他所做的都是完全不对的。这种行为是非常的不近人情和简单粗暴的。这种行为也会破坏对方想要努力上进，努力想要做到更好的情绪。如果我们能够运用一点技巧，多给对方鼓励和夸奖，或许能够使他们鼓足勇气启发他们的潜能，这对于你来说，是百利而无一害的。因为只要对方知道你对他有信心，那他就会付出最大的努力，用全部的力气去争取成功。

人类关系学家和伟大的艺术家汤姆士就会运用这种方法。他能够成全你，会给你不断地注入信心，用他的勇气和信任使你获得鼓励。

在不久之前的一个周末，我和汤姆士夫妇度过了一个愉快的晚上。他们夫妇邀请我到他们家中做客，并且约我一起玩"桥牌"。我根本对"桥牌"一窍不通。玩这个游戏，在我心中认为是极为困难的。"不，不，我不会玩。"我只能这样说了。

汤姆士说："戴尔，这个游戏很简单的，并不需要什么技巧。在玩的时候，只需要一点记忆和判断就行了，根本不需要其他什么尖酸的技能。你曾经写过一篇关于记忆方面的文章你忘了吗？所以玩'桥牌'对你来说，是十分简单的。这是一项极容易就学会的游戏。"

那是我有生以来第一次玩"桥牌"。是因为汤姆士让我相信自己有玩这个游戏的天赋，让我觉得打"桥牌"对于我来说并不十分的难。

我不禁想起了杰克逊，凡是会玩"桥牌"的人，几乎没有人不知道杰克逊。他著有有关"桥牌"的书籍，且被译成了18种语言销往世界各地，发行的数量不下100万册。

有一次，他对我说："如果不是一个少妇告诉我，我有玩'桥牌'的天赋，我一定不会以玩'桥牌'游戏为职业。"

1992年，他刚刚来到美国的时候，他想找到一份教哲学或是社会学的工作，但是他等了很久，也迟迟没有消息。

后来他只能去给别人推销煤，但是，结果可想而知，他失败了。他又去给人家推销咖啡，也是毫无成绩。

在那个时候，他从未想过自己有一天能够靠教别人玩"桥牌"谋生。在我的印象中，一开始他不仅不是一个精于玩牌的人，而且性格格外固执。他常常有很多问题去问对方，所以谁都不愿意和他在一起玩。

后来，他遇见了美丽的狄伦女士，他们一见钟情，并且很快就步入了婚姻的殿堂。婚后，他们总是在一起玩牌，而细心的妻子发现丈夫总是很认真地分析手中的牌。于是才有了妻子对丈夫说的"你很有玩桥牌的天赋"这句话。正是因为妻子那句鼓励的话，才成就了今天的杰克逊。

对他人表示同情和理解

对于善于社交的一些人来说，人们对他们总有一些误解，认为他们主要是得益于天赋和社会背景，这样的理解是意识的偏差，要让它回到正确的轨道上很简单，就是改变一下你的思维角度，相信对方说的话是真的，但不需要你真的去顺从。

有一句话说得好："你这样想是对的，因为假如我是你的话，可能也会如此。"像这样的回答方式，能让非常尖锐的对立情绪缓和下来。记住，说的时候一定要真诚，因为如果你是对方，也一定可以感受得到。

举个例子来说，你没有成为一条响尾蛇的原因只有一个，那就是你的父母本身就不是。你不会跟牛去亲吻，不把蛇作为图腾的原因也只有一个，那就是你不是出生在恒河河畔的印度人家。

你能成为你现在的样子，根本没有什么可骄傲的——而那些心浮气躁、顽固、不够理智的人，之所以会那样，也并不全都怪他自己。对于他们，我们应该充满惋惜与同情。

有一个叫高约翰的人，他见到大街上的醉鬼总是这样说：

"假如上帝没有对我格外眷顾，我也许就是那样。"

明天你要见到的人，多半都是迫切渴望同情的人。满足他们，他们肯定会喜欢你。

与美国著名的音乐经理人伍勒打交道的都是世界顶级的艺术家，比如查理亚宾、邓肯、潘洛弗等。

伍勒先生对我说，在同那些性情怪异的艺术家们打交道的时候，他最大的成功之处就是同情——对他们那怪里怪气的脾气表示同情。

他曾经为查理亚宾做过三年的音乐会经纪人。查理亚宾是美国最伟大的低音歌唱家，他是最能打动首都大戏院那些高高在上的观众们的。可他做起事来就像是一个骄纵惯了的孩子。套用伍勒先生的话来说，那就是："他哪一点都糟透了。"

比如，有一次，演出的时间已经确定了，可就在演出前几个小时查理亚宾却给伍勒先生打电话说："沙尔，我难受极了，我的嗓子糟透了，今天晚上我不能唱歌了。"

伍勒先生怎么做呢？谈和约吗？谈损失吗？当然不能，他很清楚，艺术经理人不能那样做。他亲自跑到查理亚宾的旅馆去，向他表示同情。他非常遗憾地说："哦，真是太不幸了！可怜的朋友，你肯定是不能唱歌了。我会马上去把这次合约解除掉的，尽管会让你损失掉一些钱，可跟你的名誉比起来，那又算得了什么呢？"

这样一说，查理亚宾却改变主意说："最好下午再说，五点钟你再来一趟，看看到时候我的情况是否有好转。"

于是，下午五点的时候，伍勒先生再跑来一次对他表示理解。当他再说解除合约的时候，查理亚宾又说："好的，你能不能再看看，等再晚一些的时候你来看看我，没准儿我会好一些了。"

到晚上七点半的时候，这个伟大的低音歌唱家就觉得自己可以演出了，不过有个附加条件——伍勒先生必须到首都大戏院的舞台上申明一下，说查理亚宾得了严重的感冒，嗓子受到影响了。

伍勒先生表示同意，因为他心里很清楚，要想让这个伟大的歌唱家正常演出，只能这样做了。

格慈士在他的著作《教育心理》里面说："作为一个人总是希望能得到别人的同情。孩子会很快让人知道他受到的伤害，有的甚至故意弄伤自己，以此博得别人的同情。

"基于同样的原因，成年人也会把他们受到的伤害显示出来，说说他们身上的病痛、他们的不幸遭遇，尤其是动手术的详细情形。为了自己的不幸——不管是真实的，还是想象出来的——而可怜自己，其实，这几乎是我们人类共有的特性。"

当我们了解了人们所具有的某些特性后，再与人交谈与合作的时候，就要注意对对方的一些表态和词语进行分析，并以同情和理解的话语进行反馈，就能达到交际的理想目的。

同情是一种珍贵的品质，正因为它少见，所以总能为你赢得别人的尊重。它就像一颗珍珠，宝贵又亮眼，传递着来自天堂的仁慈，这是善者对弱小者的扶持和呵护，是一个生命对另一个生命的关爱，这样的爱是博大的，是无私的。

当我们与人相处时，用同情心去感受并抚慰对方的一切，哪怕是脾气最坏的老顽固都能因此软化下来。如果想让对方接受你的观点，何不先与之保持一种良好的关系，并充分表达你的同情心？在无声之中，用同情滋润对方的心灵，让同情这把焰火送去温暖，自然容易打开对方的心门，拉近彼此的距离。

激励他人高尚的动机

我出生在密苏里州的一个小镇子，离之不远的卡梅镇就是当时的美国大盗奇斯·贾姆斯的故乡，我曾经去过那里，他的儿子现今还住在那里。

在他的家里，他的妻子向我讲述了当年奇斯抢劫银行和火车的事，他把抢来的钱分发给附近的穷人，帮助他们把抵押给银行的田地赎回来。

当时的奇斯·贾姆斯或许觉得自己是个被人所崇敬的侠士，和之后的苏尔滋、"双枪"克劳雷等一样。而实际上的确是这样，凡是你见过的人，甚至是你照镜子时看到的自己，没有谁认为自己是龌龊的，每个人在评价自己时，都希望能够高尚而无私。

银行家摩根在他的一篇分析文稿中写道：人要做的每件事都有两个理由，一个是听上去不错的，一个是真实的。

多数的情况下人们会考虑那个真实的理由，但也有很多时候人们又都是理想主义者，所以更喜欢考虑那个听上去不错的理由。所以，想要改变一个人的意志，就要把他高尚的动机激发出来。

如果将其运用在商业上，会不会很理想呢？让我们来看看宾夕法尼亚州某房屋公司的弗利尔先生的例子：弗利尔有一个无论怎样做都没有办法让他满足的客户，他恐吓弗利尔说要从他的公寓搬走，但是这个房客每月55美元的租约还有4个月才到期，可是他却说要立刻搬走，不管什么租约。

弗利尔讲了整个事情的经过：

那个房客已经在这里住了整整一个夏天。我知道，如果他们搬走了，在秋天到来之前，这间公寓是很难再租出去的。他要真的搬走了而又没有新客户我会少收220美元租金的，我心里很焦虑。

这件事如果是发生在以前，我肯定会找那个房客让他好好看看租约，并且告诉他，想搬走可以，但要付清全部的租金才行。

而这一次我并没有采取那种极端的做法，而是一开始便这样对他说："先生，听说你要搬家，但是我认为这不可能。从经验上我可以判断出你是一个说话算数的人，这一点，我可以和自己打赌。"

这个房客只是听着没有接话，于是我继续说："现在，我建议你把搬家的事暂时放一放，到下个月交房租的日子前，如果你还想搬家的话，我同意。"

停了一下，我又接着说："到那个时候，我也许会承认自己与自己打赌失败。但是我依然相信你是讲诚信，能够遵守自己曾经立下的合约的。"

果然如我所料，在下一个月，这个房客主动来交房租了。他对我说，经过与妻子商量，他们打算继续住在这里，他们觉得，违约毕竟不是件很光彩的事情。

已故的诺司克力夫爵士生前在报纸上看到过一张自己不愿被公开刊登的照片，于是就给那家报社的编辑写了封信。信中，他没有按本意写，而是试图激起对方高尚的动机，你知道，每个人都很爱自己的母亲，因此，在那封信中，他换了一种语气说："因为我的母亲不喜欢我的那张照片，所以请贵报以后不要再公开那张照片。"

一次约翰·洛克菲勒婉拒记者拍摄他孩子的时候，也特别彰显了记者们高尚的动机。他没有说："我不希望孩子的照片被公开。"而是换了种语气说："各位，我们都是有孩子的，我知道你们和我一样，都不想让我们的孩子成为新闻人物。"

柯迪斯小的时候家里很困苦，长大后经过努力成为了《星期六晚报》以及《妇女家庭》杂志的主编，挣了几百万。在报刊创办初期，他没有别的报刊那样的雄厚实力，用高价钱购买稿子，更无法聘请国内一流作家为他撰稿，然而，他却成功地运用了人们高尚的动机，让自己的杂志得到了发展。

例如，他能够请到《小妇人》的作者奥尔科特为他撰写稿子，是因为他签出一张100元的支票，而且他没有把支票交给奥尔科特本人，而是捐给了她最喜爱的一个慈善机构。这就是他成功运用了人们高尚的动机之处。

对此可能有人会说："在诺司克力夫、约翰·洛克菲勒和情感丰富的小说家这些知名的人身上使用这种方法可能会奏效，但是，对那些不可理喻的人，使用同样的方法可能就不会有效果。"

这话说得没错，一样的东西不可能在任何环境下都产生一样的效果，就像同一种食物不是每一个人都爱吃一样。如果你对你现有的结果感到满意，那就没有必要再改变什么了。如果你觉得不满意，才有做些尝试的必要。

第四篇

确保友好往来的心理秘方

不要心存报复

耶稣说：爱你的仇人。即使我们没有办法去爱我们的仇人，最起码也应该多爱自己一点，我们不应该让仇人控制我们的心情、健康和容颜。

当我们对敌人心存仇恨时，就是赋予对方更大的力量来压倒自己，给他机会控制我们的胃口、血压、睡眠和健康，甚至心情。如果敌人知道会给对方带来那么多的烦恼，他一定高兴极了。因为憎恨伤不了对方一根毫毛，却把自己的日子弄成了炼狱。

瑞典的乌普萨拉有一位名叫约翰·罗纳的先生在维也纳从事律师工作。第二次世界大战前他回到了瑞典。当时他身无分文，急需找到一份工作。他能说好几种语言，所以他想找个进出口公司担任文书工作。

大多数公司都回信说由于战争的缘故，他们目前不需要这种服务，但他们会保留他的资料，等等。其中有一个人却回信给罗纳，说他对那家公司的想象完全是错误的，他们根本不需要文书。即使真聘用，也不选一个像他那样连瑞典文字都写不好的人。

罗纳收到此信时，非常气愤。这个瑞典人竟然敢说他不懂瑞典话。他自己的回信才是错误百出。于是罗纳写了一封足够气死对方的信。刚要寄出，他马上想到自己虽学过瑞典文，但它并非是自己的母语。也许真是自己犯了错误，若真是这样，自己应该加强学习才行。这个人可能还帮助了自己，虽然他表达得很糟糕。于是罗纳撕毁了那封信，决定再写一封感谢信。信的内容是这样的：

> 你们根本不需要文书，还给我回信，非常感谢。信中说我对贵公司判断错误，实在抱歉。之所以写那封信是因为当时有人告诉我它是这一行业的翘楚。我不知道自己犯了文法上的错误，很惭愧。我会更努力学习瑞典文，减少错误，感谢你帮助我走上改进之路。

几天后，罗纳收到了回信，对方请他去办公室见面。罗纳如约前往，最终他得到了这份工作，罗纳自己找到了一个方法：以柔和驱除愤怒。

有人问艾森豪威尔将军的儿子，他父亲是否怀恨敌人。他回答，他父亲从不浪费一分钟去想那些他不喜欢的人。有一句话说，不能生气的人是傻瓜，不会生气的人才是智者。前纽约市长威廉·盖伦就以此作为他从政的原则。他曾遭枪击，险些致命。

当他躺在床上挣扎求生时，他说自己每晚睡觉前，必原谅所有的人和事。

德国哲学家叔本华在他的《悲观论》中，把生命比作痛苦的旅程，然而在绝望的深渊中他仍说，如果可能，任何人都不应心怀仇恨。

加拿大的一个国家公园有一座风景美丽的山峰，这座山是为了纪念英国护士艾迪丝·科卫尔于1915年10月12日在德军阵营中殉难而命名的。她当时在比利时的家中收留照顾一些受伤的法军与美军，并协助他们逃往荷兰。在她即将被行刑的那天早上，军中的英国牧师到她被监禁的布鲁塞尔军营中看她，她说自己到现在才明白，光有爱国热情是不够的，她不应该怀恨和怨恨任何人。

1918年，密西西比州有一位黑人教师兼传教士琼斯即将被处死刑。当时正是第一次世界大战的时候，密西西比州中流传的谣言说，德军将策动黑人政变。琼斯被判策划叛乱罪，并将被处以死刑。

当时，一群白人在教堂外听到琼斯在教堂内说：生命是一场搏斗，黑人们应拿起武器，为争取生存和成功而战。这些白人青年听到了"战斗、武器"，激动地冲入教堂，用绳索套上琼斯，把他拖到一英里远，推上绞刑台，燃起木柴，准备绞死他。这时有人叫道：让他说话。于是琼斯站在绞刑台上，脖子套着绳索，开始谈他的人生与理想。他1907年从爱达荷大学毕业。毕业时，有人请他加入旅馆业，有人愿出钱资助他接受音乐教育，都被他拒绝了。因为他热衷于一个理想，他受到布克·华盛顿的影响，立志去教育他贫困的同胞兄弟。于是，他前往美国南方找到了一个最落后的地方，也就是密西西比州的一个偏僻地区，把自己的手表当了165美元，就在野外开始办学校。

琼斯面对这些准备处死他的愤怒人群，诉说自己如何奋斗、为教育那些失学的孩子，想将他们训练成有用的农民、工人、厨师和管家。他也告诉这些白人，在他兴办学校的过程中，一些白人曾送他土地、木材、猪、牛、羊，还有钱，协助他完成教育工作。当听到琼斯如此真诚动人的话语，特别是他不为自己求情，只为自己的使命请求时，暴民们开始软化了，最后几个老人说，他们相信他说的都是真的，他是在做善事。他们应该帮助他，而不应处死他，而且老人们开始在人群中为他募捐了52美元，以献给他的教育工作。事后曾有人问琼斯，他是不是非常怨恨那些准备绞死他的人。琼斯的回答是，他当时忙着诉说比自己更重大的事，以致无暇憎恨。琼斯兴办的学校，现在已经成为一所全美著名的学校了。

从赫德的《林肯传》中可以看出，林肯从不依自己的好恶去判断人。他总是认为他的敌人也像任何人一样能干。如果有人得罪他或对他不逊，但若是最合适的人，林肯还会请他担任该职位，就像对朋友一样，毫不犹豫。林肯曾给侮辱过他的人委任相当高的职位，像麦克隆、施瓦特、史丹顿以及莱斯。

按赫德的说法，林肯相信，没有人应因其作为而受到赞扬或责难，因为我们每个人都受到教育的条件及环境所影响，所形成的习惯和特征造就了自己的目前及未来。林肯也许是对的。如果每个人都像自己的敌人一样承袭了同样的生理、心理及情绪的特征，如果每个人的人生也完全一样，那可能会做出跟敌人完全一样的事。因此，与其恨自己的敌人，还不如让我们怜悯他们，与其诅咒报复敌人，还不如给他们谅解、同情、援助、宽容以及为他们祈祷。

远离自私的泥潭

生活是很简单的，但是，由于人的自私，生活变得复杂起来，有了自己的孤独，也增加了别人的痛苦，而自己还不知道是怎么回事，还会无辜地问别人："你们为什么总躲我呢？"

这种人在生活中从不顾及他人的感受，只图自己高兴，甚至根本无法意识到自己伤害了他人。他们不懂别人的感受，不理解别人的心，他们只会为自己的欲望而不管不顾，一味地去拿别人的痛苦换自己的幸福！

自私是天性，它潜藏在每个人的内心深处，在我们的成长过程中，我们应懂得要不断地克服自私这一毛病，渐渐地使自己变得慷慨大方。但是，有些人不但不克服反而让自私越发变本加厉，眼中除了自己，再也容不下其他任何人。

自私的人总是认为自己最重要，只有自己的东西才是来之不易的，所以他们对自己和自己所拥有的东西格外珍惜。要想让他们付出哪怕是一点点，他们都会觉得难以忍受，他们根本体会不到分享的快乐。这种唯我独尊的生活会给他们带来他们想要的一切吗？这样的人快乐吗？

有一位富人，他拥有的财富很多，可是却特别自私，好东西全都留着自己用，对自己的妻子、儿女很苛刻，对别人就更是吝啬。他从来不向别人吐露他的心事，无论是苦，还是乐，他都是一个人独自感受着。时间久了，大家都不愿和他多说一句话，并且慢慢疏远了他。可是，他的年龄越来越大了，他开始觉得自己很孤独很不快乐。他想得到亲人的关心，朋友的亲近，但他却发现别人都不愿靠近他，甚至躲着他。

在一个大雪纷飞的夜晚，当他的家人都在谈笑风生的时候，他独自在外徘徊，他来到悬崖边想一死了之，却被一个流浪汉拦了下来，流浪汉问他为何想不开，是子女不孝，还是无依无靠，他说不是。流浪汉又问了他许多问题，可他一直都在摇头。

最后，他忍不住哭了，并把大家对他的态度告诉了流浪汉，流浪汉在倾听的过程中也找到了原因。于是，流浪汉问："你现在的心情如何？"富人停止了抽泣，说："心情好像舒畅了一些。"

流浪汉接着说："你的心情好了一点，是因为你让我分享了你的苦恼，既然和我分享能让你快乐，那为什么不和你的亲人分享呢？如果你愿意分享你的快乐、你的财富，也包括你的烦恼，你会找回你的快乐。你先前的不快乐和被大家疏远，是因为你把一切都看得太严、太紧，你太自私，不愿让别人与你分享。所以，你就把自己抛向了一个死角，由于你的自私，你的世界越来越小，你感到越来越窒息。你要想不再孤独，就必须告别自私，学会分享。"

听完这番话，富人若有所思，他谢过流浪汉回家了。从那以后，他一改往日的吝啬和自私，慢慢地，大家终于接受了他，他的世界也变得宽阔起来，充满了欢声笑语。

自私的人一旦面临自己的利益与别人发生冲突时，会通过各种方式来满足自己的利益，甚至不计别人的损失；此外，自私的人在进行自私行为的时候，即使察觉到了自己的行为可能会损害别人的利益，也仍然会为自己的利益不择手段。这些人也许会得到一时的满足，但最终的结果都并非是他们想要的。自私的人只会打自己的那一个小算盘，他的眼里只有索取，不会有任何付出。想一想吧，小算盘怎能算大账呢？不付出怎会有更大的收获呢？

我的邻居杰姆是一个探险者，他曾经从远方带回了一种非常名贵的花卉，他想通过自己的培育，过几年可以大赚一笔。杰姆精心呵护这些名贵的花卉，每日浇水施肥从不敢怠慢。不久，他得到名贵花卉的消息被传开了，许多亲戚朋友都来向他要花卉的种子，原本慷慨大方的杰姆却一粒也舍不得给。他计划通过三年繁育，就可以拥有上万株了，到时候再开始出售和馈赠。

第二年的春天，杰姆种的花都开了，他的花园里姹紫嫣红，尤其是那些名贵花卉开得格外漂亮。再到下一年的春天，这些名贵的花卉已经有几千株了，但让他忧心的是花没有去年开得好了，花朵不但小了，颜色也不纯了，有了一些杂色。又过了一年，花已经繁殖了上万株，但杰姆却更加忧心了，所有的花朵都变得更小了，颜色也更差了，完全没有了它原本的雍容和高贵。

当然，他也没能靠这些名贵的花大赚一笔。

在原产地这些花大面积地生长，年复一年地种植，也没出现这种情况啊，这些花到底是怎么回事呢？他百思不得其解，便去请教一位园艺师。园艺师来到他的花园看了看，便问："隔壁是否种植这种花？"他摇摇头说："这里除了我之外，没有人有这种花。"园艺师沉吟了半天说："我已经知道原因了，尽管你的整个花园种满这种名贵之花，但在你附近的花园里却种植着其他的花卉，你这种名贵的花卉在传粉的过程中，被附近花园的花粉污染了，所以你的花才会开得一年不如一年。"

杰姆问园艺师该怎么办，园艺师说："谁能阻挡风呢？要想使你的花名贵依旧，只有让你附近的花园全都种上这种花。"听完后杰姆很惭愧，于是他就把名贵之花的种子分给了自己的邻里亲朋，第二年春暖花开的时候，整个村子的花园几乎成了花的海洋，花色绚丽，雍容华贵。杰姆真的大赚了一笔，当然，那些喜欢花卉的邻居也跟着杰姆一起都发了财。

人生有太多的东西需要分享，只有分享才能获得更多，只有分享才会有快乐。自私的人很难与别人建立一种亲密的关系，这样一颗自私之心只会把他们领进失败者的队伍中。特别是在当今社会，没有合作很难成就一番事业，更谈不上有较大的成功。

利己也利他，做到双赢才能把事情做成功。分享能让我们的胸怀变得更加宽广，使我们的生活也更加精彩。这是自私者永远也体会不到的快乐。赶快告别自私吧，成功和快乐会回到我们身边。

如欲采蜜，勿蹴蜂房

我常听到有人抱怨，曾经遭受了多大的不幸，别人对待他的行为是多么过分。每当听到这样的话，我就会忍不住对他说："你可以试着站在对方的立场上想一想这件事情，也许会有不一样的收获。"

当你要求别人做某些事情的时候，不妨弄清楚对方的真实需求是什么，然后围绕这一诉求，用一种委婉的方式提出自己的要求。比如，当孩子想要吸烟，你无须大声地呵斥，只需告诉他们，如果吸烟就无法参加棒球队，问题就会迎刃而解。不管我们需要应付的是一个孩子，还是一只动物，这都是值得注意的事情。

从一个人呱呱坠地的那一刻开始，他所做的一切事情，说的每一句话，每一个微笑的举动，都是从自身的需求出发，都是为了自己。哈雷·欧佛斯托教授曾经说过：行动是由人类的基本欲望中产生的。如果你想说服别人，最好的建议是想方设法激发他们内心的迫切需要。如果能做到这一点，那么整个世界都将掌握在你的手中。

在课堂上，我曾为学生们讲过一个犯罪的事例：

1931年5月7日，纽约市民看到了一桩从未见到过、骇人听闻的围捕。150名警方治安人员，把克劳雷包围在公寓顶层的藏身处。克劳雷被捕后，警察总监罗南指出：这名暴徒是纽约治安史上最危险的一个罪犯。他又说："克劳雷杀人，就像切葱一样，他将会被判处死刑。"

然而，当警方围击他藏身的公寓时，克劳雷写了一封公开信："在我的衣服里，是一颗疲惫的心——那是仁慈的，一颗不愿意伤害任何人的心。"

事实上，克劳雷的罪行是不可原谅的。他把汽车停在长岛公路的路边，和一位女士调情。后来，警察走近并对他说："让我看看你的驾驶执照。"他朝警察连开了数枪，直到警察倒在地上，他还不罢休，又从车里跳了出来，捡起警察的手枪，向地上的尸体开了一枪。这就是他所说的"在我的衣服里，是一颗疲惫的心——那是仁慈的，一颗不愿意伤害任何人的心"。

最后，克劳雷被判死刑，临死前他仍然没有觉得自己做错了事情："我是因为保卫自己，才这样做的。"

克劳雷之所以会落到这种结局，根本原因在于他从不反思自己，总是为个人行为找推脱的借口，这种思维方式让他变得不可理喻，成为人民公敌。

实际上，这种态度在罪犯中是很常见的。被"誉为"美国第一号公敌的卡邦曾说过："我将一生中最好的岁月给了人们，使他们幸福愉快，并过着舒服的日子，而我所得到的只是侮辱，甚至还被逮捕。"罪犯从不认为自己错了，他们会为自己的罪行找到各种各样的理由开脱，最终无论他们抢劫、盗窃，还是杀人，原因都是别人不理解自己。

在这个世上，大多数人都不认为自己错了，无论他们犯多大的错误，都不会责备自己。所以很多时候，责备别人是一件非常愚蠢的事情，最终只是以一种非常愚蠢的方法造成了双方的矛盾。你如果真的想要解决问题，那就站在对方的立场上沟通，从对方的利益出发才能够被认可。

我常以林肯总统的事例来劝解学生们："美国内战的时候，林肯屡次委派新将领统率'波托麦克'军，但是这些人没有一个能够取得胜利，全都遭遇了惨败。当全国半数以上的人都在指责这些失职的将领时，林肯却仍旧保持着平和的态度。他最喜欢的一句格言是：'不要评议他人，免得为他人所评议。'"

内战期间，南北双方的关系势如水火，当林肯的妻子和有些人用刻薄、侮辱的语言谈论南方人时，林肯总是这样对她说："不要批评他们，在相同的情形下，我们也会像他们那样做。"

当双方处于敌对、战争的状态时，林肯总统还能够豁达地为敌人开脱，其胸襟无疑让人钦佩。

我们或许不能够拥有林肯总统那样宽广的胸襟，但是可以以林肯总统为榜样。罗斯福总统曾经这样说过，当他担任总统，遇到难以解决的问题时，他会靠在座椅上，仰起头，望向墙壁上那幅林肯画像。然后，这样问自己："如果林肯处在我这种情况下，他将会怎么做，他会如何解决这个问题？"所以当你想要批评别人时，不妨想一想林肯总统，如果是总统先生碰到这样的事情，他会不会批评对方呢？

每个人都希望别人为自己而改变、调整，那么你愿意为了别人而改变吗？我相信大部分人都会拒绝改变自己，因为他们认为自己并没有做错什么事情，他们都有自己的立场，错的只是别人。但是我要告诫大家，从个人的立场来说，从自己开始，要比改进别人更能让你获益。

你我经历的事情不同，所处的环境和立场也不一样，所以与他人交往时，首先要站在对方的角度上，让你们处在相同的立场上，这样才能够拉近彼此之间的距离。

一味地争吵并不是解决问题的方法。当一个人的争论、激辩起于自己时，他在若干方面已不是寻常的了。

批评、责备和抱怨是一个愚蠢的人才会有的行为，这是最笨的处事方法，批评永远都不是解决问题的好方法。要想成为一个伟大、完整的人，那就需要完善你的人格，克制自己，这首先要学会宽恕和了解。

卡莱尔曾经这样说过："要显示一个伟大人物的伟大之处，那就要看他如何对待一个卑微的人。"而约翰博士则这样说："上帝在末日之前，还不打算审判人！"这些伟人都不认为自己拥有批评别人的权利，那平凡的我们又怎能轻易地批评别人呢？因此，与人沟通不要带上批评，学会谅解和宽容才会让你更受欢迎。

努力为他人创造快乐

也许有人会说，都什么年代了，还助人为乐，我凭什么要帮助别人。帮助别人没有原因，也很简单，有时帮助只是一个手势、一句话、一个微笑……这些对你没有任何损失，对你来说也只是举手之劳。可是回报你的是可能远远不止你所付出的，至少有别人的满怀感激。

在你帮助别人的同时，也证明了你存在的价值远远超过了你看到的，从而你会感到满足和快乐。因为当你帮助别人之后，别人会对你心怀感激，也许你在帮助别人的时候，并没有想从他那里得到什么相应的回报，但是，就是这种无私的帮助常常能带给你意外的收获，同时，你的帮助在给别人带来快乐的同时，你自己也会感到前所未有的满足。难道不是么？这就是为什么那些懂得帮助别人，懂得与人分享的人们生活得很开心的原因。

相反，那些心胸狭隘的自私者心里只有贪婪索取，他们根本不懂得分享的美好，他们每天只想着为了利益而争斗，使自己疲惫不堪，也让别人对他充满敌意和防备。这样的状态，怎么能快乐呢?

一个大雨滂沱的夜晚,社会学者维克多不小心陷进了沼泽地。四周没有一个人,维克多焦急万分,身子已经陷进去了,污泥马上就要到了脖子。如果不能及时离开这里,就必然会被沼泽吞噬。他拼命地呼救,这时,一个骑马的年轻人正好路过,二话没说就用绳子将维克多拉了出来,并把他带到了小镇上。

当维克多拿出钱对这个陌生人表示感谢时,年轻人摇头说:"这不是我要的回报,只要你给我一个承诺:当看到别人有难的时候,竭尽全力去帮助他。"

在后来的日子里,维克多帮助了许许多多的人,并且将骑马的年轻人对他的要求告诉了他所帮助的每一个人。

很多年后,维克多因轮船失事,被海水冲到了一个小岛上,一位男子帮助了他。当他要感谢这位男子的时候,男子竟说出了那句维克多已说过很多次的话:"我不要任何回报,只要给我一个承诺……"维克多的心里顿时涌上了一股暖流。

生活中,我们不仅要学会感恩,还要学会在帮助别人之后,不求回报。你的举手之劳也许给别人带来的远远不止这些,也许你的些些关爱会让他人不再孤独落泪,让我们的生活因你我的相互关爱而变得更加温馨,让你我的爱心传递变成一种习惯,这样我们的生活环境就会多了温情,少了不和谐。帮助别人不是一种责任,而是一种快乐。因为这能让你更加健康、更加快乐。因为你把手伸向别人的时候,就能体验到爱别人和为别人所爱的幸福。

20世纪美国最杰出的无神论者——西奥多·德莱塞，他把所有的宗教都看成是神话。人生只是一个傻瓜说出的故事，没有任何意义，但是他却遵循耶稣所讲的一个道理，那就是帮助他人。德莱塞说："如果每个人想在漫长的人生中享受幸福，就不能只想到自己，而应为他人着想。"

有一位学者已很多年没下床走路了，但许多媒体却高度评价他是最无私的人。很多常年卧床的人连自己的烦恼都无法化解，他又是如何成为一个无私的人的呢？答案就是，他一直遵循着"为他人服务"的信念，并努力去实践它。

他想尽办法，收集到了全国各地瘫痪病人的通信地址，他给他们写信，并通过信件鼓励他们、关心他们，激励他们勇敢地与病魔作斗争。他把这些病人组织起来，让大家相互写信鼓励。这位学者每年要在床上发出一千四百封信，给成千上万的病人带来了快乐和笑声。

这位学者与其他瘫痪在床的病人最大的不同之处在于他深切体会到真正的幸福，是在帮助他人当中获得的。萧伯纳说过："一个以自我为中心的人，一天到晚都在抱怨别人不能使他开心。"只有乐于助人，为他人带来笑声，那么你才能真正快乐。

海伦·凯勒说过：任何人出于他善良的心，说一句有益的话，发出一次愉快的笑，或者为别人铲平粗糙不平的路，这样的人都会感到欢欣。

我所在的社区有一个非常著名的人物，她的名字叫"苹果"，大家都说，有问题找"苹果"吧，她最清楚。"苹果"本名韦斯娜，只有21岁，却已在纽约打工4年。问苹果现在在哪里打工，她指着身上有义工标志的红马甲回答：义工联。

"苹果"是本地义工联唯一一个"专职义工"，这个"打工妹"为了做义工，竟然将自己原来的工作辞掉了。"苹果"当义工纯属偶然，那时她才刚来纽约，陪一个朋友到义工联报名，当时她也没多想，只是觉得好玩儿就报了名，没想到这一次的报名却影响了她的一生。

"苹果"第一次走进霍华德大叔家时，这个50多岁的中年人坐在门口呆呆地望着天空。霍华德大叔从小因小儿麻痹症导致四肢瘫痪，家里只有一个70多岁的老母亲在照顾他。因为老母亲身体也不好，霍华德大叔已经很久没有走出村子了。见到"苹果"他很高兴，嚷着要出去玩儿。"苹果"于是到义工联借了个轮椅将霍华德大叔推了出去。

一路上，霍华德大叔很兴奋，"苹果"却很吃力：你可以想象，一个90多公斤的大胖子有多沉。走着走着，"苹果"发现霍华德大叔突然不说话了，低头一看，这个50多岁的汉子泪流满面。霍华德大叔说，他太高兴了。"苹果"没有想到给别人带来快乐原来如此简单，她更加积极地投入到义工联的各种公益活动中。

随着帮扶对象越来越多，"苹果"发现时间越来越不够用。其实，在纽约打工的几年，"苹果"的工作也渐有起色，可以说是一年上一个台阶了。可当本地义工联需要招聘一个专职义工时，"苹果"坚决地辞了工作。

专职义工每个月的工资只有900美元，只是"苹果"以前工资的一个零头。许多朋友不理解"苹果"，说她傻，父母也不理解她，家里并不富裕，很需要她支持。"苹果"的执着感动了大家，身边许多朋友被她带进了义工队伍。

有人问她："你为什么当义工？""苹果"回答说："我觉得帮助别人是一件很快乐的事情，不仅给人快乐，还找到了自己的价值。""苹果"还说："当了这么多年义工，帮助别人，成了我的一种幸福，一种习惯。"

一个人帮助别人不难，但若把助人当作一份工作、一种事业确实难上加难。"苹果"能做到这一点，可以看出她是一个多么心地善良的人。她在助人的同时，也获得了更多的快乐、更大的幸福。助人容易求人难，何不在解决别人的痛苦中，感受助人的快乐呢？伸出你的援助之手吧！其实很简单，你会获得更多的朋友、更多的幸福和快乐。

学会"富兰克林式"谦恭

富兰克林年轻的时候，用自己所有的积蓄建了一家很小的印刷厂。之后又想法让自己获得了费城州议会的文书办事员的职位。他可以借此得到为议会印刷文件的业务，使自己的印刷厂轻松获利，所以他很怕失去文书这个职位。但是他担心的事还是发生了。议会中一个非常有钱又很有才干的议员很不喜欢富兰克林，甚至还在公开场合斥骂过他。

这种情形对富兰克林保留职位来说可是非常不妙的。于是，富兰克林决定要让这位议员喜欢上自己。可他要怎样去做呢？给对方一点贿赂？不行，那会引起对方的警觉，进而更加轻视他。富兰克林聪明且十分老练世故，他不会让自己犯这样的错误。他采取了相反的办法，去请求敌视自己的人帮一个小忙。

富兰克林向敌视他的人借钱？不是！他提出了一个让对方感到非常高兴的请求，同时让对方的虚荣心获得满足。这个请求，非常巧妙地表现出富兰克林对对方的知识与成就的仰慕之情。

下面是富兰克林自己讲述的这段经历：

我听说他的图书室里藏有一本非常珍贵的书，因此，我送了封便笺给他，向他表达了我非常想读一读他所珍藏的那本书的愿望，请求他把那本书借给自己看几天。

那位议员收到我的便笺马上就让人把那本书送了过来。一星期后，我送还了那本书，并在书中附上一封信件，真诚地表达自己对他的谢意。

至那以后，每当我和他在议会相遇的时候，他一改过去冷漠的态度，居然主动和我打招呼，并不失其应有的礼貌。从那次之后，这位议员随时乐意帮我的忙，一来二去的，我们很快就成了真正的好朋友，这段友谊一直持续到他去世为止。

富兰克林去世至今150年了，但是他的处事方法，特别是请求别人帮忙的处事艺术却是人人都有效仿必要的。

我有一个叫亚伯特·安塞尔的学生，他在事业上获得了巨大的成功，在总结成功经验时他说，这主要是得益于他为人处世的艺术。他是铅材料和暖气材料的推销商，多年以来一直想与布鲁克林的一个铅材供应商做生意。但这位铅材供应商很难接近，他们的业务量很大，信誉又极好。

安塞尔的尝试一开始就碰了钉子。那位供应商是个喜欢让人难堪的家伙，以粗鲁、刻薄和不近人情著称。每次安塞尔去他的办公室时，都会看到他坐在办公桌的后面，嘴里叼着雪茄，然后很不友好地对他说："你出去，我不与你做生意！你也别来浪费我的时间了！”

但有一次，安塞尔换了一种方式，也就是富兰克林使用的那种方式，终于使他们建立起了合作关系，交上了这个难缠的朋友，并取得了可观的订单。

安塞尔所在的公司准备在长岛皇后新区扩建一家新公司，各项事宜都在紧张的运行当中。而这位铅材供应商对皇后新区的情况十分熟悉，而且在那里还有很多生意，因此，当安塞尔再次去拜访这位铅材供应商时，一进门就说："先生，我这次不是向您推销的。我是来请您帮忙的。不知道能不能占用您点时间？我们公司计划在皇后新区开一家分公司，听说您比有些本地人还要了解那个地方，因此想就一些我们不知道的事情特来请教您。"

刚说完来意，安塞尔就感觉今天的情况与以前不太一样啦！很多年来，这位铅材料商人凭借着向推销员发出拒绝、驱赶的方式，来获得"重要人物"的感觉，以此满足自己的虚荣心。

"请坐！请坐！"这次他却热情主动地从办公桌后面站起来，拉了张椅子让安塞尔坐下。接下来他像接待老朋友一样，用了1个多小时的时间详尽地向他介绍皇后新区的情况，还对皇后新区铅材市场的特征和优点进行了深刻的剖析。

最后他不但同意那家新公司的营业地点，而且还集中精力帮助安塞尔分析了购买产业、储备材料和如何开展营销等全盘方案。他这次为什么没有把安塞尔拒之门外呢？因为这次谈话让他体验到了一个重要人物的感觉，满足了他的心理需要。接着，这个铅材供应商还把话题扩展到了私事上，他对安塞尔非常友善，甚至把自己家里所面临的危机等情况也和安塞尔诉说了一番。

"那天晚上，在我离开他办公室的时候，"安塞尔说，"我口袋里装满了我们初步的装备订单，而且我们还建立了真诚的个人友谊。这个过去经常骂我的家伙，现在常约我去打高尔夫球。这种改变都是缘于我请他帮个小忙，而使他觉得自己成了一个极其重要的人物。"

请记住，每个人都希望得到他人的赏识，为此甚至愿意穷尽我们的一切努力。但是没有人愿意接受虚伪和阿谀奉承。

在此，我有必要再次重申：在生活实践中运用从本书里学到的知识，必须是发自内心的真诚才能得到认可。我写这本书的目的不是在教人们耍人际阴谋，而是要教会大家一种新的生活方式。

懂得与人分享

一天，我和朋友基德谈论分享这个话题，我们大致将其作了如下归纳：

分享是一种美德，把自己的东西与别人一起分享，一些零食也好，一次愉快的经历也好，当你选择与别人分享，就是把他们放在了你心中重要的位置，想到快乐就会想到他们。

分享是一种需要，没有人拥有世间所有的美好，如果每个人都有一个想法，我把我的告诉你，你把你的告诉我，那么我们每个人都拥有了两个想法。同理推知，如果每个人都能够分享，那么我们就可以拥有自己原本没有的东西，让自己和他人都更加幸福。

分享是一种境界，与广场的鸽子分享你的面包，与水池里的金鱼分享你的饼干，与朋友分享你的快乐和忧伤。如果你有很多能够用来分享的东西，那你的生活会有意义；会有能与之分享的人，那么你的周围就有朋友。

我觉得自私是万恶的根源，不要以为自私就能给自己带来利益，自私带给你的只有孤立，这样的生活充满悲哀，不是吗？不懂得分享，有时还会让你落入痛苦的深渊。接着，基德给我讲了一个故事：

一天，上帝看到地狱的入口有无数生前作恶的人，他们每个人的脸上都显示出无比痛苦的表情。这时，一个恶霸抬头看到了慈悲的上帝，马上祈求上帝道："救救我吧。慈悲的上帝，不要让我进入地狱，我一定改过自新。"

上帝知道，这个人生前是个十恶不赦的恶霸，他不仅抢劫他人财物，还残杀生灵，连小孩子都不会放过，唯一的善举是，有一天他在走路时，刚要踩到一只小蜘蛛，不知道为何突然心生善念，稍稍移开了脚步放过了那只小蜘蛛。上帝看他还有一点善心，于是决定就用那只小蜘蛛的力量让这个恶霸离开地狱之门。

于是，上帝向地狱之门放下去一根蜘蛛丝，恶霸紧紧地抓住了这根救命的稻草——蜘蛛丝，然后拼命向上爬。可是，其他在地狱门口等待接受煎熬的人看到这根蜘蛛丝都蜂拥过来抓住蜘蛛丝不放，慢慢地，蜘蛛丝上吊了很多人。

恶霸看到自己下面吊着的人越来越多，担心这根细细的蜘蛛丝不能承受这么多人的重量，便从身上取出一把刀子，割断了自己身下的蜘蛛丝。可是，就在蜘蛛丝被砍断的一瞬间，蜘蛛丝突然消失了，所有的人又跌回到地狱的入口。当然恶霸也没有脱离苦海。

实际上，假如这个恶霸能够与他人分享生存机会，上帝就会救他脱离苦海。但是他没有做到，所以，他也失去了离开地狱的机会。

"有时候，许多东西不是你与别人分享了，你就会失去它，而是只有当你与别人分享的时候，你才会得到更好的结果。"基德说。其实，我们都知道，生活中那些懂得与人分享的人其实是最幸福的人，他们在与人分享的时候能够感觉到情绪的释放或者是快乐的蔓延。当这些情绪得到传播之后，痛苦的感觉会随风而散，快乐的感觉却会瞬间在每一个人的心中盛开。不懂分享就不可能取得更大的成功，更不可能赢得别人的喜爱。所以，你要懂得分享，和家人、朋友甚至是陌生人共同分享生命中的美好。

我的太太曾经对我说了这样一段经历：有一天，她在车站候车，离开车还有好几个小时的时间，她买了一袋松饼后找了个地方坐下，拿出一本书专心致志地看了起来。她看得很投入，却无意中看到坐在她旁边的男人，竟然从他们中间的袋子里抓起一块松饼，如此无耻！她想了一想，还是算了，不要发脾气，没想到，那个人又拿起了第二块！

当那个"贼"继续拿她的松饼的时候，她越来越气愤，她想："如果我不够大度，我一定会把他打得鼻青脸肿！"她每拿一块松饼，他也跟着拿一块。当只剩一块时，"他会怎么做呢？"她猜测着。他显得有些拘谨，脸上浮现出笑意，他小心翼翼地抓起了最后一块松饼，分成两半，递给她半块，自己吃了另一半。

她从他手中抢过半块儿松饼，并且想到："啊，天哪，这个家伙还算是有良心，但他确实很无礼，为什么连感谢的话都不说一句？"她赌气似的吃完了半块松饼，这时，她听到了开车的通知，她想总算可以离开这个可恶的家伙了，便急忙收拾起自己的行李向门口走去，连一眼都没有看那位"忘恩负义的偷松饼的贼"。她上了车，坐到自己的座位上，打算继续看书。当她把手伸进行李包，却摸到了那一袋松饼，原来自己才是偷了别人的松饼吃却没想要道歉或者感谢的忘恩负义的人。

那个先生却为了保持一个女士的自尊，免得她窘迫不好意思，毫无怨言地与她分享了自己的松饼。

从这件事看出，与家人分享不难，与朋友分享也不难，难就难在与素不相识的陌生人分享。因为你们之间没有任何涉及付出和责任的关系，彼此的生老病死都不在另外一个人所关心的范围之内，因此，一个能够毫无怨言地与陌生人分享食物、分享快乐，甚至只是分享一个微笑的人，必定是一个心胸博大、热爱生活的人。

心胸博大的人与普通人的区别就在于，他们能够善于克服自己自私的一面，至少能够表现出比别人少一点自私自利。这也是他们在人生的路上受欢迎、受尊敬的原因，也是他们能够在生活的点点滴滴之中发现真善美的原因。

懂得分享，你的快乐也会带给别人，你的幸福也是爱你的人的幸福，你的悲伤会有关心你的人给你安慰。

　　我们分享所有的美好，我们分享所有的甜蜜，当快乐从一个人传递到两个人再到四个人再到更多，世界也就快乐了起来。把你的快乐告诉别人，你也将得到别人的快乐。与人分享吧，生命因为分享而更加美丽。

施恩要在感恩前

忘记感谢乃是人的天性，如果我们一直期待别人的感恩，多半是自寻烦恼。

我最近碰到一个义愤填膺的人，事先有人跟我说我碰到他十五分钟内他就一定会谈起那件事。他果然如此。令他气愤的事发生在十一个月前，可是他还是一提起就生气。他简直不能谈别的事。他为三十四位员工发出了一万元圣诞节奖金——每人差不多三百元——结果没有一个人感谢他。他抱怨说："我很遗憾，我居然发给他们奖金。"

"一个愤怒的人，浑身都是毒。"我衷心同情面前这位浑身是毒的人。他有六十岁了。保险公司统计我们的平均寿命是目前年龄与八十岁之间差数的三分之二。这位仁兄——如果他够幸运——大概还有十四五年可活。结果他浪费了有限余年中的将近一整年，为过去的事愤恨不平。我实在同情他。

除了愤恨与自怜，他大可自问为什么人家不感激他。有没有可能是因为待遇太低，或是员工认为圣诞奖金是他们应得的部分。也许他自己是个挑剔又不知感谢的人，以致别人不敢也不想去感谢他。或许大家觉得反正大部分利润都要缴税，不如当成奖金。

不过反过来说，也可能员工真的是自私、卑鄙、没有礼貌。也许是这样，也许是那样。我也不会比你更了解整个状况，我倒是知道英国的约翰生博士说过："感恩是极有教养的产物，你不可能从一般人身上得到。"我的重点是：他指望别人感恩乃是一项一般性的错误，他实在不解人性。如果你救了一个人的性命，你会期望他感恩吗？你可能会。塞缪尔·列勃维治在他当法官前曾是有名的刑事律师，曾拯救过七十八个罪犯，使他们免上电椅。你猜猜看其中有多少人曾登门道谢，或至少寄张圣诞卡来？我想你猜对了——一个都没有。

耶稣在一个下午使十个瘫子起立行走——但是有几个人回来感谢他呢？只有一位。耶稣环顾门徒问道："其他九位呢？"他们全跑了，谢也不谢就跑得无影无踪！让我来问问大家：我这样平凡的人给了人一点小恩惠，凭什么就希望比耶稣得到更多的感恩？

如果跟钱有关，那就更没指望了。杰克·舒瓦伯告诉我，他曾帮助过一位银行出纳，这个银行出纳挪用银行基金去做股票而造成亏损，舒瓦伯帮他补足金额以免吃上官司，这位出纳员是否感谢他呢？是感谢他，但只是一阵子，后来他就开始跟这位曾经帮助他脱离牢狱之灾的人作对。

你如果送你亲戚一百万美元，他应该会感谢你吧？安德鲁·卡耐基就资助过他的亲戚，不过如果安德鲁·卡耐基重新活过来，说不定会很震惊地发现这位亲戚正在诅咒他呢！为什么？因为卡耐基遗留了三亿多美元的慈善基金——但他的那位亲戚只继承了一百万美元。罗马有一位有智慧的帝王马可·奥勒留，有一天在日记中写道："我今天会碰到多言的人、自私的人、以自我为中心的人、忘恩负义的人。我不必惊讶或困扰，因为我还想象不出一个没有这些人存在的世界，会是一个什么样的世界。"他说的话不是很有道理嘛！我们天天抱怨别人不会知恩图报，到底该怪谁？

不要再指望别人感恩了。如果我们偶尔得到别人的感激，就会是一件惊喜。如果没有，那也不必难过。如果我们一直期望别人感恩，多半是自寻烦恼。我认识一位住在纽约的妇女，整天抱怨自己孤独。没有一个亲戚愿意接近她，而如果有人看望她，她会花几个钟头喋喋不休地告诉你，她侄儿小的时候，她是怎么照顾他们的。他们得了麻疹、腮腺炎、百日咳，都是她照看的，他们跟她住了许多年，还资助一位侄子读完商业学校，直到他结婚前，他们都住在她家。

这些侄子回来看望她吗？哦！有的！有时候！完全是因为义务性的。他们都怕回去看她，因为想到要坐几个小时听那些老调、无休无止的埋怨与自怜。后来，她发现威逼利诱也没法让她的侄子们回来看她后，她就使出最后一个绝招——心脏病发作。这心脏病是装出来的吗？当然不是，医生也说她的心脏相当神经质，常常心悸。可是医生也束手无策，因为她的问题是坏情绪所致。这位妇人要的是别人的感恩，可惜她大概永远也得不到。

为人父母者怨恨子女不知感恩。即使莎士比亚戏剧中的主人翁李尔王也不禁喊道："不知感恩的子女比毒蛇的利齿更痛噬人心。"可是如果我们不教育他们，为人子女者怎么会知道感恩呢？忘恩原是天性，它像随地生长的杂草。感恩则犹如玫瑰，需要细心栽培及爱心的滋润。如果子女们不知感恩，应该怪谁？也许该怪的就是我们自己。如果我们从来不教导他们向别人表示感谢，怎么能期望他们来感谢我们？我认识一位住在芝加哥的朋友，他在一家纸盒工厂工作得很辛苦，周薪不过四十美元。他娶了一位寡妇，她说服他向别人借了钱送她前夫的两个儿子上大学。他的周薪得用来支付食物、房租、燃料、衣服及缴付欠款。他像苦力一样苦干了四年，而且从不埋怨。有人感谢他吗？没有，他太太认为是理所当然的，那两个儿子当然也是一样。他们一点也不觉得对这位继父有任何亏欠，即使只是一声道谢。

怪谁呢？这两个儿子吗？也许！可是这位母亲不是更不该吗？她认为这两个年轻的生命不应该有这种义务的负担，她不要她的儿子由"负债"开始他们的人生。因此她从没想到要说："你们的继父资助你们念大学，多好的人啊！"相反的，她的态度却是，"嗯！那是他起码该做到的。"

她以为没有加给他们任何负担，可是实际上，她让他们产生了一种危险的想法，认为这个世界有义务让他们活下去。果然，后来有一位男孩想向老板"借"点钱，结果身入囹圄。

我们一定得记住，孩子的所作所为是我们造就的。举例来说，我姨母从来不抱怨儿女不知感恩。我小的时候，姨母把她母亲接去照料，同时也照料她的婆婆。我现在仍记得两位老人家坐在壁炉前的情景。她们有没有麻烦我姨母？我想一定很不少，不过你从她的态度上一点也看不出来。她真的爱她们，对她们嘘寒问暖，让她们感觉到家的温暖。而她自己还有六个子女，但她从不觉得自己做了什么伟大的事。对她来说，这一切只不过是再自然不过的事，是正确的事，也是她愿意做的事。

我这位姨母已经孀居了二十几年，她的六位成年子女都欢迎她，希望她到他们家去一起住。她的子女们对她钟爱极了，从不觉得厌烦。是出于"感恩"吗？当然不是啦！这是真正的爱！这几位子女由孩童时代就生活在慈善的气氛中。现在需要照顾的是他们的妈妈，他们回报同样的爱，不是再自然不过了吗？

我们不要忘了，要想有感恩的子女，只有自己先成为感恩的人。我们的所言所行都愈发重要。在孩子面前，千万不要诋毁别人的善意，也千万别说："看看表妹送的圣诞礼物，都是她自己做的，连一毛钱也舍不得花！"这种反应对我们可能是件小事，但是孩子们却听进去了。因此，我们最好这么说："表妹准备这份圣诞礼物，一定花了她不少时间！她真好！我们得写信谢谢她。"这样，我们的子女在无意中也学会养成赞赏感激的习惯了。爱不是一朝一夕之功，它需要持续不断地投入。有时，这看起来完全是毫无希望的，但越是这时候，越需要坚持。我们行善，不可丧志。若不灰心，到了时候，就有收成。

第五篇

加强沟通效果的心灵通道

让人乐意做你建议的事

　　1915年，欧洲陷入了前所未有的恐慌之中，各国彼此厮杀，美国也陷入了惊恐之中。战争规模前所未有，世界各地都陷入疯狂的战争状态，人们不禁怀疑和平能不能实现？可无人知晓答案。不过，美国总统威尔逊决定要为实现和平而努力，因此，他准备派出一个代表和一个和平专使，到欧洲与那些军阀们商谈。

　　美国的国务卿勃雷恩是极力主张和平的人，他希望能为这件伟大的事情奔走。在他看来，完成这个任务可以名垂后世，不能失去这个机会。但是，天不遂人愿，威尔逊总统派了勃雷恩的好友郝斯上校去。如果郝斯上校把事情告诉勃雷恩的话，勃雷恩一定会非常愤怒。

　　赫斯上校在日记中这样记录：当勃雷恩听说我要去欧洲担任和平专使的时候，表现出极大的失望。勃雷恩说："这件事我做了很多的准备，原本是以为自己去的。"我回答："威尔逊总统认为让政府大员担任这个职位显然是不合适的。到了欧洲，会引起人们极大的注意——美国政府为什么会派一个国务卿来商谈呢？"

你是不是已经看出了其中的暗示？赫斯上校在间接地告诉勃雷恩他现在所任的职位是多么的重要，担任和平专员这件事情是不合时宜的。这些话让勃雷恩本该愤怒的心平静了不少。

圆滑、精明、老于世故的赫斯上校，在人际关系中做到了一项重要的准则：永远使人乐意去做你建议的事。

威尔逊总统在邀请麦克杜做内阁成员的时候，也适时地运用了这一原则。这是他能给的所有人认为的最高荣誉，而威尔逊总统却能够让其他人感到自己更加重要。

下面是麦克杜自述的一个故事：当时威尔逊总统正在筹备组织内阁，他找到我说，如果我能够担任财政部长一职的话，那会让他非常高兴。他把这件事叙述得让人听了也感到很开心。我觉得一旦我能答应，那将帮了他一个大忙，这使人很愉悦。

但是，威尔逊总统并没有从始至终运用这个手段，否则，历史很有可能将会改写。当年，关于美国加入国际联盟一事，并没有获得共和党和议院的赞成。于是，威尔逊总统在参加和平会议时，并没有让洛德、休士同行，也拒绝其他著名的共和党党员随行，反而带着两个在党内并没有什么名望的人去参会。

这个盲目的举动直接导致了共和党的极力反抗。共和党人士认为自己被忽视了，创办国联一事完全把他们排除在外，此事成了总统的个人表演。威尔逊粗鲁的处置办法，摧毁了自己的事业，损坏了自身的健康，而且严重影响到自己的寿命。

出版"双日页"的著名出版商，一生都在遵循"使人们乐意去做你所建议的事"这项原则。著名的作家亨利赞扬道："那家'双日页'，有的时候会拒绝为我出版某一部书，但是他们的拒绝让人们能够接受，非常谦和得体，不会让你感到不快。"亨利觉得虽然"双日页"拒绝出版自己的书，但是有时却比其他出版社出版他的小说更加的让人觉得被尊重和高兴。

万特在美国纽约有自己的印刷公司并担任经理的职位。公司内有一个技术师，负责管理若干的打字机，那些日夜不停地运转的机器的管理也属于他的职责范围。这使得他总是抱怨工作时间长，工作量超负荷。他坚持需要一位助手。万特想要改变这位技术师的要求和态度，又考虑到不能引起对方的负面情绪。

万特先生解决这件事情，并没有通过缩短这位技师的工作时间，更不是为他物色一位助手，结果这个技术师却很高兴。他到底是怎样做到的？万特有一个非常简单的主意，他给了那个技术师一个私人的办公室。办公室外面挂了一个牌子，上面写着：服务部主任。这样一来，技术师的自尊心得到了极大的满足，再也不是以前那个随便什么人都可以下命令使唤的人了。从这以后，这个技术师就不再抱怨了，任职服务部主任的他非常高兴。

你一定会想，这种想法是不是太幼稚了？或许是的，但你知道吗？拿破仑还做过更加幼稚的事情。他在训练"荣誉军"的时候，曾封18位将军为"法国大将"，还发出来1500枚之多的十字徽章给他的士兵们。他甚至曾经十分自豪地向人们宣称：他的军队是"伟大的军队"。人们会说他"孩子气"，讥讽他是拿着玩具逗弄那些陪他出生入死的老军人。但是拿破仑看到：人们有时就是会受玩具所控制。

用名衔和权威去赠与别人的方法，不仅对拿破仑有效，对你一样有效。我曾经提到一个朋友，就是纽约的琴德夫人。她家里的一块草地给她带来了很大的困扰。附近的那些顽皮的孩子总是把草地踩得面目全非。

琴德夫人用了很多办法，如吓唬、劝告，但都没有效果。直到有一天她想出了一个办法。她从顽皮的孩子中间找出了最调皮的那个，给了这个孩子一个头衔，让孩子感到自己是个有地位并且有着权威的人。他让这个孩子充当自己的"密探"，驱赶其他侵入草地的孩子们。

这个办法起到了很好的效果。那个"密探"在后院燃起了一堆篝火，然后拿着一条烧得红红的铁棍，用来吓唬那些想要侵入草地的孩子们："谁敢再闯入草地，就拿烧红的铁棍烫谁。"从那以后，再也没人破坏草地了。

人的天性就是如此，你如若想要改变对方的意志，而不让对方反感，就记住这个法则：让人们乐意去做你所建议的事。

把命令改成建议

最近，我十分荣幸能与美国名传记作家泰伯尔小姐一起用餐。闲谈中聊起了人与人之间相处的重要问题。她说："在撰写《杨欧文传》的时候，我曾经访问过一位和杨欧文先生共同工作了三年的人。"

那个人表示："在与先生工作的三年中，我从未听到过他给人直接的命令。杨欧文先生始终用一种建议的委婉的口气，而不是直接对人下命令。"

在与人沟通时，没人会喜欢别人用下命令的口气对自己说话。应向杨欧文先生学习，他从未说过类似"做这个或做那个，别做这个或别做那个"的话。这样生硬的口吻通常让人无法接受。他总是说，你要不要考虑一下这个？或是，这样做是不是更加有效？

"你觉得如何？"当杨欧文写完一份信稿的时候总会很诚恳地这样问。有时，当他看到助理写的信后，通常会对助理抱有极大的耐心，他会这样说："我们这样使用措辞，应该会更好。"

他不仅在语言上不盛气凌人，在行动上也总会给人机会，让人成长。

他永远不告诉助手应该怎么做，而是给他的助手们机会，让他们放手去做，不怕他们犯错误，这样反而能够在错误中吸取经验，获得成长。

这种推己及人的方法，总是让人很容易认识到自己原来的错误并加以改正。这种方法，不仅能够让对方更加尊重自己，也会使人感到自己备受尊重。熟练地掌握这种沟通方法，更易获得真诚的合作，对方也不会有任何的反抗情绪，更不会冷冷地拒绝。

即使是非常明显的错误，一旦用粗鲁的口气命令指责别人，也会引起对方的反感，改正起来也会非常困难。

塔宾瑞在一所职业学校担任老师，他的班里有一名学生，因为没有注意而把车非法地停在学校门口，堵住了入口。在塔宾瑞上课的间隙，一位老师气冲冲地走进教室，恶狠狠地扫视全班同学，极为凶悍地问道："你们谁的车子挡住了学校的过道？"同学中有一个人面带歉意地回答是他，老师面色不佳地吼道："你最好以最快的速度开走，否则我就把车绑上铁链让拖车拖走。"

这样处理的结果，不仅让这位学生感到非常难堪和气愤，也让其他同学为他的遭遇感到"不平"和同情。这位学生的确不应该把车子停在校门口，但是沟通批评的方法用错，却会产生不同的效果。这件事情发生以后，班里同学对那位老师总是"针锋相对"。后来，这位老师不得不向校方提出请求，要求转到别的班里。

　　这位老师原本可以用一种让人更易接受的方法处理。设想一下，他若能态度友善一些地问道："车道上挡住入口的轿车的车主是谁？"并提出建议把车开走。那么，这个同学一定会非常愉悦地去做，班上的同学们也会很愉快地认真听他的课。

　　不用命令的语气和别人说话，用提出建议的方法可能会让你收获前所未有的成功。一家小工厂的老板就用此方法接下了一份巨额订单。他是怎样做到的呢？非常的巧妙。

　　南非约翰内斯堡，依安·麦克作为一家小工厂的经理有个机会接一张大的订单。但是这张订单需要在非常短的时间内完成，他认为按照正常的工作时间是不能够按期交上货的，而且工厂又已经排定，这么短的交货期让他接这张单子的难度很大，可无奈的是，这张单子非常重要。

　　在这样的情况下，麦克并没有催促自己的工人整日加速工作来赶这张订单。他召集了工厂的全体工人召开了大会，并且十分诚恳地对他们说，假如这张单子能够完成，对于员工自身和公司有多大的意义，并解释了目前工厂的现状和面对的问题，希望员工能够帮自己拿主意。

　　"你们已经很辛苦了，我并不想让大家熬夜加班，我们有没有办法完成这份大的订单？"

　　"有没有什么方法能够调整我们工厂的工作安排，以帮助我们完成这份重要的订单？"

　　"我们有没有其他的办法，能够空出足够的时间和设备来完成这份订单呢？"

工厂的员工纷纷建言献策，并且对于接下这份订单十分坚持。他们始终坚信"我们可以办到"，最终他们用这种态度接下订单，并且如期交货。

我们不禁感到好奇，这张订单为何能够成功接下？这就是建议的力量。麦克用"建议"的方法，让员工自己感到订单"非接不可"。因为他们有权"决定"公司到底是否应该接这份大的订单。此举让员工认为自己的态度很重要，而自己也必须肩负起责任，这个订单他们要接。

改变一个人的态度，不引起他人的反感厌恶，往往需要我们记住：发问的时候，别直接用命令的语气。

我们在生活中往往有这样的经验，如果让一个人按照你心中所想去办事，用命令的口气往往是行不通的。每个人都希望自己被尊重，如果我们用"必须这样，必须那样"的不容商量的语气说话，会让别人感到不平等，很气闷。每个人都是一个独立的个体，拥有自己的思想和意愿，命令的语气会让人觉得是在受人控制。人们更愿意接受用亲切的口吻提出的建议，而不是命令的语气。

用命令的语气说话，会让别人讨厌你。即使作为领导，也不要用命令的语气面对下级，要做到合情合理，语气温和，这样下级才不会对你不服，把你的命令当作耳旁风。在生活中，我们也应该时刻注意自己与别人说话时的语气，应做到亲切温和，语气诚恳。

站在对方的立场阐述问题

做错了事情却又不肯承认，这是人性的弱点。当你遇到有人犯错时，一味地责备是无济于事的，甚至会起到相反的作用。只有试着去了解他，站在他的立场上去看问题，才是最聪明的做法。

山姆·道格拉斯曾经经常抱怨太太把过多的时间都用在修理草坪上了。

原来，他太太一周至少去草坪上拔草两次，另外顺便施肥和剪草。而道格拉斯却认为草坪和四年前刚搬来时一样，并未变好。当他把这话说给太太听时，他的太太感觉自己出力不讨好——山姆·道格拉斯的埋怨自然就破坏了他们的夫妻感情，让夫妻关系很紧张。

后来道格拉斯参加了我们的交际培训班，在培训中他认识到了自己的愚蠢。他开始从太太的角度考虑：她确实喜欢草坪，是因为她从中找到了生活的乐趣。萝卜青菜，各有所爱，于是道格拉斯决心改变自己。一天晚饭后，他的太太又去修理草坪，道格拉斯也跟了出去，帮助太太一起除草、施肥，他们边干活，边愉快地谈话，太太非常高兴。从此他经常帮助太太修理草坪，并称赞她干得好，草坪比以前好看多了。于是，夫妻间的感情日益加深。

肯尼迪·古迪的《怎样让人们变成黄金》一书中有这样一段发人深省的话："停下来，用数秒钟的时间比较一下，你是如何关心自己的事情和关心他人的事情的，然后你就会理解，别人也和你一样。而你一旦掌握了这个诀窍，就会像罗斯福和林肯一样，拥有了做任何事的坚实基础。换言之，和别人相处的关系怎样，完全取决于你在多大程度上替别人着想了。"

无独有偶，吉拉德·黎仁柏也和古迪有相同的观点。他在《进入别人的内心世界》一书中，也有类似的一段话："把别人的感觉和观念与自己的感觉和观念置于相同的位置，并把它表现出来，这样谈话的气氛就会融洽起来。当你在听别人谈话时，要根据对方的意思来准备自己将要说的话，那样，由于你已理解和认同了他的观点，他也就会理解和认同你的观点。"

多年来，我有这样一个习惯：常到离家不远的公园中散步。我非常喜欢那里的橡树，所以每当看到公园里一些树被烧掉或砍伐时就十分痛心。这些火灾差不多都是由到园中野炊的孩子们造成的。有时火势很凶，必须叫来消防队才能扑灭。

公园的门口有一块牌子，警告人们不要在公园玩火，违者罚款。但由于牌子在角落里，很少有人看见它。公园里有警察巡逻，但他对自己的工作不太认真，火灾仍然时常发生。

有一次我又看到公园失火，就急忙跑去告诉警察快叫消防队，可没想到他却说那不是他的职责。

我非常失望，于是以后我再到公园里散步的时候，就担负起了保护公园的义务。当我看见树下起火时就非常不高兴，经常急着做正义的事情却做错了事，最初，我警告那些小孩子，玩火可能被拘禁，我用权威的口气命令他们把火扑灭。如果他们拒绝，我就会恫吓他们，要将他们交给警察。

就这样，我只是按照自己的想法去做，只是在发泄自己的情感，全然没有考虑孩子们的感受。结果呢，那些儿童怀着一种反感的情绪暂时遵从了，在我转过身去的时候，他们又重新生起了火堆，并恨不得把整个公园烧尽。

随着时间的推移，我逐渐懂得了与人相处的道理，知道了怎样使用技巧，并更懂得从别人的角度来看待问题。于是我不再发布命令，甚至恐吓，而是说："孩子们，玩得高兴吗？你们在做什么晚餐？我小时候，也很喜欢生火，直到现在我仍然很喜欢，但你们知道在公园里生火是很危险的吗？我知道你们几个会很小心的，但别的孩子就不一样了。他们来了也会学着你们生火，回家的时候却又不把火扑火，这样就会烧掉公园里的所有树木。如果我们再不谨慎的话，我们就不会再看到这里的树木了。另外，因为在这里生火，还有可能被抓起来。我不干涉你们的兴致，我很愿意看到你们开开心心的，但我想请你们在离开时，把火用土埋起来，并把火堆旁边的干枯树叶拨开，好吗？你们下次来公园玩时，可不可以到山丘的那一边，就在那沙坑里取火，那样就不会有任何危险了。多谢了，孩子们，祝你们玩得快乐！"

这样的说法，产生的效果可好多了！孩子们听了之后都非常听话，而且很愿意接受和合作。他们没有被强制服从命令。我们双方感觉都很好，因为我在处理这件事时，完全是从他们的角度出发考虑的。

当一个人面对难题时，如果他能够从别人的角度来看待事情，那么就可以缓解压力，解决问题。

伊丽莎白·洛亚科用分期付款的方式买了一部车子。由于种种原因，她已有六周没有按合同交款了。一个星期五的上午，负责洛亚科买车付款账户的一名男子在电话中愤怒地告诉她，如果下周一上午不把钱交上的话，他们将采取进一步的行动。

刚好是周末，洛亚科没有筹到钱。于是这名男子星期一给洛亚科的电话里说了更多难听的话。当时洛亚科没有发火，而是从他的角度出发来考虑这件事。洛亚科先是真诚地道歉，并表示真是给他带来了很大的麻烦，而且因为自己已经六周未付款，一定是他客户中最让他头疼的。

这名男子听了洛亚科这一番话后，改变了态度，说洛亚科并不是最让他烦心的，并且还举了几个例子来说明。说有的客户经常撒谎，有心躲着不见，还有的非常不讲理。洛亚科没有说话，只是静静地听，让他把心中的不快都说出来。最后，还没等洛亚科提什么要求，他就主动说如果洛亚科不能马上交还拖欠的钱，也可以。只要洛亚科在本月底先付给他20美元，然后在她方便的时候再把其余的钱交给他就可以了。

哈佛商学院的特哈姆说："在与人谈话前，我情愿用两个小时的时间在他的办公室前的人行道上散步，而不愿在还没有清晰的想法，不知该如何说，并且不了解对方，没有充分准备答案的情况下，直接去他的办公室。"如果你永远都能按照对方的观点去想，从他的立场看事，这就足够成为你一生中一个新的里程碑。

迎合对方的兴趣找话题

如果你要让人喜欢你，对你感兴趣，那么，你就对别人讲他知道得最多的事情。

我们常说：想钓到鱼，就要先问问鱼想吃什么？同样的道理，沟通的首要前提就是要了解对方的兴趣，留心注意别人所喜欢的是什么，最厌恶的是什么，在交际中迎合他的兴趣，满足他的心理需求，从中将会得到自己所需求的东西。

密执安州的汤姆·夏登是飞利牌石油公司的一名地区推销员。汤姆想成为他的区域里成绩第一的推销员，但是一处加油站却使他的努力归于泡影。这处加油站的经理是一位老人，他一点也不爱打扫加油站的卫生。汤姆想尽办法仍不能使这位经理保持这处加油站的清洁，因此汽油的销售量大大降低。

不管汤姆怎样要求改进加油站，打扫干净加油站，这位经理都置之不理。汤姆眼看这么多的劝说和诚恳的谈话都没有效果，最后决定带他去参观一下这个区域清洁做得最好的加油站。这位经理一走进加油站，眼睛都亮了，加油器运行了几年了，可还是被擦得锃亮，进来加油的汽车络绎不绝。经理看了后，话也没说就走了。汤姆第二天又到那个加油站去，已看不到原来那台满是污垢的加油机了，加油室的地面被清洗得干干净净，玻璃擦得明晃晃的。经理穿着一身整洁的衣服正忙得不可开交。

汤姆暗地里笑了。后来他达到了自己的愿望，获得了"本地区最好的推销员"的称号。这一事例印证了一条充满智慧的忠告："首先，撩起对方的急切欲望。能做到这点的人，可以掌握全世界。不能的人将孤独一生。"

在生活中，你也应该多问几句，当你发问的时候就会惊奇地发现，有时候别人并不喜欢你给他的条件，当你了解了对方的观点时，你就走出了成功的第一步。1920年初，我刚刚完成了那本《影响力的本质》一书。我打算在芝加哥的某家饭店里租用一个大舞厅，举办一个大型讲座，每张票售价10元。当一切准备就绪，入场券也已经被印好的时候，我接到了饭店方面的通知，要求将租金多加一倍。

很显然，无论谁遇到这样的情况都会感到为难，去责问饭店经理吗？显然不会取得好的结果，因为饭店经理总会摆出让人足以无言以对的理由的。况且他们关心的只是他们的事情，我办不办得成讲座恐怕不在饭店经理的考虑之内。

后来，我找到了这家饭店的经理，我很平静地对他说："得到这个消息，我很吃惊，但是我一点都不怪你，如果我处于你的位置，我也会这么做的。作为一名经理，使饭店的利润增加是你的责任。现在我们拿出一张纸，把你增加租金的益处和弊端都写下来，然后让我们来分析一下。"

我在一张纸上写了"利"的一方面，包括舞厅空下来以后，如果把它租给别的社团开大会或集会用，当然会增加收入，要比租给我办讲座得到更多的租金。然后我又在另一张纸上写了"弊"的方面，内容是你在这十天里将不会有收入，因为我没那么多钱付给你，即使有那么一两家来租用，也不会一下子就租十天。另外来听我的讲座的大多是大学里的教师、学生，还有不少企业管理者，如果我办不成讲座，你们岂不是少了一个很好的宣传的机会吗？有些时候，财富是潜在的，我很遗憾，你们和我都要失去一个大好的机会了，你意下如何？

我把纸片写好以后交给了那位主管，仍旧很平静地说："先生，你能好好考虑一下吗？我静候回音。"没过几天我就收到了一封信，信中说把原定的200%的租金减到105%。

这件事后，我发现了一个道理，在任何时候，人往往最关心的是他们自己。当你在与人相处时，如果能够迎合别人的兴趣，为对方做打算，那么，你就很容易与人沟通了。你替别人着想，别人就会自然地照顾你的需求了。

我有个叫约翰的同学，一天他下班回家，发现他的小儿子汤米正在又哭又闹，原来孩子的妈妈让他明天上幼儿园，而汤米贪玩不愿意去。约翰工作了一天，心情很不好，于是就对小孩子发了火，把儿子赶回了他的房间并要求他第二天必须要上幼儿园，孩子被吓得不哭了，并老老实实地回到他的卧室里去了。

过了一会儿，约翰觉得对孩子过于武断、粗鲁了，他不明白孩子为什么不愿上幼儿园，他想到了一个问题：如果我是汤米，我为什么不愿去幼儿园？想到这，他灵机一动，叫来妻子和他的大女儿，和他们一起弹琴唱歌。

一会儿，约翰看见他的儿子悄悄地探出头来。然后，汤米就来到了客厅，怯生生地问道："我可以参加吗？"约翰于是就很认真地说，如果汤米不上幼儿园，就学不会唱歌，学不会唱歌就不能参加他们的活动。

就这样，汤米高兴地答应了去幼儿园，第二天早晨，约翰本以为他是全家起来最早的，没想到汤米已经穿戴整齐地坐在客厅里了。约翰问他为什么这么早起床，汤米告诉他说：汤米不愿意迟到。

迎合别人的兴趣，重要的一点是要想：对方最需要、最关心的是什么。如果你能从本节课中学到这一点，它会轻易地变成你成功的里程碑。

照顾对方的情绪和感受

与对方交流时要照顾对方的情绪和心理感受，这样的经验，是我多年潜心研究怎么与人相处的结果。如果我们平时能做到真心地关爱他人，那么，即使是全美国最忙碌的人，也会因感动而与我们合作。下面我举例来证明：

几年前，在布鲁克林文理学院，我曾举办过一个小说写作培训班。当时，我计划力争请到诺里斯、赫司德、塔勃尔、许士等当时的名家来讲解一下他们的写作经验。于是，我与培训班的学员们联名给每个要请的作家都写了封信，信中表达了我们对他们作品的喜欢，同时诚恳地希望聆听他们的当面教导，讲述一下他们成功的经验与诀窍。

在每一封信上，都有我们培训班150名学员的签名。并且我们还在信中写道，我们知道他们的每一分钟都十分宝贵，他们没有为我们演讲的多余时间，因此，我们在每一封信里都附上一张相同的关于如何写作的提问表，请他们在有时间的时候，写好寄给我们。

这些作家对我们的这种做法大多表示支持。接到信后，他们都尽力地抽出了自己宝贵的时间，从老远的家中赶来布鲁克林，为我们做有关写作的专场演讲。

我们还采用同样的方法，邀请到了老罗斯福总统执政时期的财政部长、塔夫脱总统执政时期的司法部长等其他大人物，来我们培训班做了专题演讲。

在这些年里，为了加深与新朋友的情感交流，我会在与新结识的朋友聊家常时记下他们的生日。当然我不是为了研究星相学才这样做的。那么我在这件事上究竟是怎么做的呢？一般情况下我和新认识的朋友见面闲聊时，会找机会问他们相信人的出生日期与性格、喜好、命运有关的说法吗？然后，我请他们说出自己出生的年月日，我就默默记住这些信息，在他们走后，将资料记录到我的一个笔记本上去。

就这样，在这几年里，我形成了一个习惯，就是在每一年的年初，将那些记录在笔记本里的朋友的生日，写到我办公桌的台历上。每当朋友生日的日子，我就会给这位朋友写封祝福信函，或者发祝贺电报。当朋友接到我的贺电或信函时，都会既惊讶又高兴，因为除了他的亲人，在这个日子还有一个朋友在想着他，在祝福他。

对他人热情、友好的态度，是获得朋友最有效的方式。如果有人打电话给我们，接电话的时候首先就要用热情亲切的语气说："嗨，你好！"纽约电话公司曾举办过电话接线员的培训班，他们要求接线员在回答过询问者所问的电话号码之后，还需再对询问者补充一句"很高兴为你服务"。

这种职业规范在日常的商业活动当中有好的效果吗？答案是肯定的，我随便就能举出很多例子来，为了节省时间，我在这里只举一个例子：

查尔斯·华特就职于纽约一家银行。有一次，他被指派去调查一家与他们银行有业务来往的公司的财务现状。经过多方了解，华特得知有一家实业公司的经理对他将要调查的那家公司的财务状况很是了解，他可以从那位经理那里了解到他所需的材料，于是，华特立即就去拜访这位经理。在他被引进经理办公室的时候，他看见一个年轻女士从门外探进头来对着经理说了句，这几天她手里没有什么好邮票。

经理则朝女子点了点头，接着对来访的华特解释说："我在为我十二岁的孩子收集邮票。"

华特坐下后对经理说明了来意，随后他希望经理能提供一些他感兴趣的东西。可是这位经理却表现得很不情愿，只是出于礼貌笼统而不着边际地应付了几句，很明显，他并不想把他知道的告诉华特。接下来，无论华特怎么努力，这位经理只是顾左右而言他。这次见面华特无功而返。

查尔斯·华特也是我的培训班里的一个学员，他对我们说起这件事时说："说真的，在当时的情形下，我真没有任何办法让这位经理说出我想要了解的东西。在我就要放弃努力的时候，突然想起这位经理那天跟我说到他儿子喜欢邮票的事，与此同时，我还想到了我们银行外汇兑换部，因为业务关系经常与世界各地银行通信，有不少罕见的外国邮票。我想，这些邮票现在可能会对我有些帮助。

"第二天下午，我带上我从银行外汇兑换部收集来的厚厚一沓邮票去见那位经理，在见经理之前，我请他的秘书告诉他，我这次是特意为他儿子送邮票来的。你们猜一下，这次那位经理对我说话会以一种什么态度呢？我一进门，这位经理就满面笑容地迎上来，紧握我的双手。在他看到我带来的这些邮票时，情不自禁地喊了出来：'唔，我儿子乔琪肯定会喜欢这张，看，这张更稀少！这是我们很难找到的……'

"这次这位经理对待我的态度相当的友好，我们谈得也很投机。他与我谈了约半个小时关于集邮方面的事情，他还拿出儿子的相片给我看。之后，不等我开口，他就回答了我所要了解的所有问题，并且，还为我详尽地提供了我这次调查所需要的各方面资料。

"他还找来了解那家公司的其他职员补充他不了解的问题，甚至还打电话问了他一些知情的朋友。在这里我所了解的情况，让我对我受命调查的那家公司财务状况的各项报告、相关文件有了深刻的了解。"

让对方愿意与你交谈的技巧

在人际交往中，少不了语言交流。可以说，每一次交谈，都决定着事情的成败。那么决定交谈成败的因素是什么？为什么有的人在谈话中能言谈自若，引人入胜；而有的人费尽心力却无法让谈话对象提起兴趣，甚至反感呢？

其实，你要做的事情，就是用最短的时间，来消除对方的警惕和排斥心理，让对方在你的亲切话语中接受你，从而变得友好起来。而一个合适的话题，就是让对方放下戒备，诚心和你谈话的最好工具。

卡森先生是一位童子军事业的工作人员。欧洲将举办童子军夏令营活动，卡森想邀请美国某家大公司的经理出钱，赞助一位童子军的旅行费用。他在去拜访这位大公司的经理之前，听说他曾开出了一张100万美元的支票，这在当时来说是一笔数额巨大的款项。

卡森在见到这位经理之后说："我这一辈子从来都没有听说有人开过数额如此巨大的支票！我要告诉我的童子军，说我的确看到过一张100万美元的支票。"听到这里，这位经理非常愉快地把那张支票递给卡森看。卡森则赞叹不已，并询问这张支票的详细情况，这位经理饶有兴趣地告诉了他。

之后，那位经理问卡森："请问你来找我有什么事？"到这时，卡森才说明来意。结果十分出乎卡森的意料：这位经理不但立即答应了他的请求，还十分慷慨地付出了更多的资助。

卡森本来只想请他出资赞助一名童子军去欧洲，可是他慷慨地资助了五名童子军和卡森本人，并当即就开了一张大额的支票，并建议他们在欧洲玩上几个星期。另外，他又给卡森写了封介绍信，把卡森引荐给他在欧洲分公司的经理，好为卡森提供帮助。

当卡森一行抵达欧洲时，分公司的经理亲自去巴黎接了他们，领着他们游览了这座美丽的城市。从此以后，这位经理一直对卡森的童子军事业很热心，并且为家庭贫困的童子军提供工作机会。

卡森先生与陌生人交谈之所以能取得如此大的成功，其秘诀在于：刚开始时，他并没有和对方谈及有关童子军与欧洲夏令营的事，也没有谈他想要对方给予的帮助。他谈了对方感兴趣的话题，从而使对方高兴和他交谈，这样就能顺利打开交谈的话匣子。假如卡森根本就不谈对方感兴趣的事情，而是开门见山地提出请求，那么，这位经理有可能根本不会满足他。

会说话的人在谈话中都注重寻找共同的话题，这是因为共同的话题能够引起双方的兴趣。寻找合适的话题，把谈话的重心放在对方感兴趣的事情上，就能使双方的谈话融洽自如。用一句话概括出来，就是："我们对别人产生兴趣的时候，恰好是别人对我们产生兴趣的时候。"所以，要善于从对方身上寻找共同点，并由此引出话题，这样就会引发亲近感。

多年来，费城的克纳夫尔先生一直想将燃煤推销给一家大型连锁公司，但这家公司的经理不予理睬，一如既往地从市外一个煤商处采购燃煤。有一天，克纳夫尔先生在我的班上作了一次演讲，对这家连锁公司大加指责，认为他们是国家的一颗毒瘤。可是，他依然不知道他为什么不能把煤卖给他们。于是，我建议他试试采用其他手段。

简而言之，后来的情形是这样的：我将班上的学生分成两支队伍进行辩论，辩题是"连锁公司的广泛分布对国家是否害多益少"。

在我的建议下，克纳夫尔先生同意加入反对方，为连锁公司做辩护。于是，他径直去找那家被他痛斥的连锁公司的经理，对他说："我来这里，并不是向你推销燃煤的。我只是来请你帮我一个忙。"

之后，他告诉这位经理他要参加一场辩论赛，并说："我来请你帮忙，因为我认为没有人会比你更适合为我提供我所需要的材料。我非常想赢得这场辩论赛，无论你能给我什么帮助，我都将非常感激。"

下面是克纳夫尔先生对后来的情况的介绍：

"我请他给我一分钟的时间。由于讲了这个条件，他才答应见我。但是当我说明了我的来意之后，他让我坐下，和我谈了1小时47分钟。他还叫来另一位曾写过一本关于连锁经营的书的高级职员向我介绍相关情况。他还给全国连锁公司联合会写信，替我要了一份关于这方面的资料。他觉得连锁公司是真正为人们服务的，他对于能够为成千上万的人服务而倍感自豪。他谈话的时候，精神焕发，眼睛里放射出我从未见过的光芒。而我也必须承认，他开阔了我的眼界，使我看见了我以前连做梦都没有想过的事，他改变了我的整个想法。

"当我离开的时候，他把我送到门口，搂着我的肩，祝我辩论胜利，并请我再来看他，将辩论的结果告诉他。最后，他对我说：'请你在春末的时候再来看我。我愿意订购你的煤。'

"对我来说，这简直不可思议。我并没有提及煤的事情，可是他却要订购我的煤。我只不过因为对他及他的问题有真实的兴趣，因此在不到两个小时内所得到的成果，比我在过去多年中试图让他对我及我的煤产生兴趣所得的还多。"

人与人之间，很难在初次认识时就产生共鸣，往往必须先引起对方想与你交谈的兴趣，并在经过一番深入交谈后，才能让彼此更加了解。当你想尝试说服他人，或是对他人有所请求时，不妨先避开对方的忌讳，转而从对方感兴趣的话题谈起，而且不要太早暴露自己的意图，等到对方一步一步地赞同你的想法后，他们已是不自觉地认同你的观点了。

一个善于交谈的人，在与陌生人谈话时，能主动去寻找对方感兴趣的话题，因为好话题是初次交谈的媒介，是深入细谈的基础，是纵情畅谈的开始。把谈话的重点放在对方感兴趣的事情上时，对方会因为你的细心而感到高兴，并乐意与你交谈下去，这样你就能达到与对方深入交谈的目的。

换一种方式表达不满

现实中的很多人，特别是身居高位的人，常常喜欢去责怪自己的下属，好像这样才能发泄不满，才能体现出自己的尊贵——这是人性的弱点。但人往往有这样一个特点：当他面对责怪的时候，就会因此产生抵触情绪，并且拼命替自己辩解。

告诉各位，责怪也是危险的，因为它伤害了一个人的宝贵的自尊，会让对方产生强烈不满的情绪。心理学家汉斯·塞利说："就像我们渴望获得承认一样，我们害怕受到谴责。"所以，请你不要责怪别人吧，换一种方式来表达你的不满，也许情况要好得多。世界著名心理学家斯金纳是我最崇拜的人之一，他通过实验证明：奖赏能让人少犯错误，而指责和惩罚只能招致怨恨和不和。

为了证实这个道理，我还曾经请教过一所监狱的典狱长，那位典狱长告诉我说："在我们这里，几乎没有一个人认为自己是犯人，他们总是认为他们是正常的没有犯罪的人，就像你我一样，你跟他们谈话，他们会告诉你为什么他们的手会不得不拿起枪来杀人，为什么他的手在保险柜的密码锁面前会那样灵敏。他们的说法很合理，你会认为他的逻辑成立，可你却知道一点，他们犯了罪，他们是坏人。"

由此，我们也可以得出一个结论：没有人在犯了错误以后会责备自己，他总是找各种理由加以辩解，那辩解的言辞能把自己说服。当别人指责他的时候，他会情不自禁地辩解，辩解不成功时，就会带着怨气和怒火对待别人了。

在漫长的历史中可以找出很多"批评"毫无效果的例子。1908年，西奥多·罗斯福辞去总统职务，离开白宫去非洲猎狮，共和党的另一位领袖塔夫脱当选为总统。当西奥多·罗斯福再回到美国时，发现塔夫脱改变了自己在任时的政策，于是他指责塔夫脱过于保守，并且另行组建了"进步党"，准备再次竞选总统。这几乎导致了共和党的瓦解。

结果在那次选举中，塔夫脱和共和党只获得佛蒙特州和犹他州两个州的选票，这是共和党有史以来遭受的最大失败。罗斯福谴责了塔夫脱，但是塔夫脱有没有自责呢？当然没有。塔夫脱曾经含着眼泪说他不知道怎么样做，才能和自己已做的不同。

这件事究竟谁对谁错，是另外一回事，但我们可以发现，罗斯福所作的批评，并没有使塔夫脱觉得自己不对，而使塔夫脱只想尽力替自己辩护。这次争论的结果是导致了共和党的分裂，而将伍德罗·威尔逊送进了白宫。

我们再来看一下"爱尔克和铁弗敦油田保留地舞弊案"。这件事曾经使全国舆论愤怒，也震撼了整个美国。任何人也不曾料想到，在美国国家行政中会发生这样的事。这件舞弊案的事实是这样的：哈定总统任时的内政部长阿尔伯特·胡佛，被委派主持政府在爱尔克和铁弗敦油田保留地租赁事宜。这两处油田保留地是政府预备给海军未来使用的。当时，胡佛有没有主持公开招标？完全没有。胡佛部长把这份丰厚的合约很干脆地送给了他的朋友杜黑尼。而杜黑尼投桃报李，"借"给胡佛称为"贷款"的美金10万元。

胡佛接着利用自己的权力，命令美国海军进驻爱尔克和铁弗敦地区，把附近的其他油田开采商全部赶走了，因为他们附近油井的开采，对爱尔克和铁弗敦油田开采有一定影响。被赶走的油田开采商不甘心，于是走进法庭上诉，这才揭开了"爱尔克和铁弗敦油田保留地舞弊案"的内幕，涉案金额达一亿美元。这件舞弊案轰动了全美国，全国舆论哗然，一致指责这件丑闻，其影响之恶劣，几乎毁了整个哈定政权，共和党也几乎垮台，最终以胡佛锒铛入狱宣告结束。

试着想想，胡佛遭到千夫所指，万人唾骂，很少有人被这样谴责过！那么胡佛表示后悔了吗？没有，根本没有！在几年后，郝波特在一次公开演讲时透露，哈定总统的死是因为神经的刺激和心里的忧虑，因为有一个朋友曾经出卖了他。

当阿尔伯特·胡佛的妻子听到这些话之后立刻从沙发上跳了起来挥舞着拳头号啕大哭说："为什么说哈定是被胡佛出卖的？不，我的丈夫从没对不起过任何人，就算这间屋子里堆满了黄金，我的丈夫也不会被诱惑去做坏事。他是被别人所出卖，才会落得被钉上十字架的下场。"

从上面的几个例子我们可以看出，人类的天性就是做错事只会责备别人，而绝不会责备自己。所以，当以后我们要批评别人的时候，还是先想一想卡巴尔、克劳雷和胡佛这些人。他们的前车之鉴让我们认识到：批评就像饲养的鸽子，它们永远会飞回家的。我们更需要了解我们所要批评和谴责的对象，他们会为自己辩解，甚至会反过来攻击我们的。

间接指出别人的过失

或许是因为面子问题，大部分人都经不住当面的指责。我们往往会有这样的经历：当面指责别人，这只会造成对方顽强的反抗，而巧妙地暗示对方注意自己的错误，则会受到爱戴。聪明的人会用神色、声调，或手势，告诉一个人他错了。的确，这些和用语言一样有效，而如果你直接告诉他错了，你一定不能让一个人心服口服。

在我的一堂课上，学员杰克·夏布向我们讲了这样一件事：有一天中午，杰克·夏布偶然走进他的一家钢铁厂，看见几个工人正在吸烟，而在那些工人头顶墙上，正悬着一面"禁止吸烟"的牌子。有些老板碰见这样的局面往往会指着那面牌子，会问那些工人："你们是不是不识字？"但夏布绝不会这样做。

他走到那些工人面前，拿出烟盒，给他们每人一支雪茄，然后说道："伙计们，如果你们能到外面吸烟，我会很感谢你们。"那些工人已知道自己破坏规定，可是他们钦佩夏布先生不但没有责备他们，而且还给他们每人一支雪茄当礼物，使工人们觉得自己很重要。像这样的老板都会赢得工人的敬重。

如果你要证明什么事，不要让任何人知道，要间接地去做，让人不觉得。约翰·瓦纳梅克是费城一家很大的百货公司的老板，他也喜欢运用这样的方法。这天，瓦纳梅克来到他的百货公司。他看到一位女客人站在柜台外面，等着买东西，可是没有人理会她。

原来，售货员都聚到柜台远处一角，在那里闲聊。瓦纳梅克装作没看见，一声不响地走去柜台后面独自招呼那位女顾客。然后，他把成交的货物交给赶来的售货员去包装，而他自己就走开了，全程没有一句批评。

我们中的多数人是有成见的、偏执的，他们受成见、嫉妒、猜疑、恐惧、嫉恨及傲慢所困，多数人不愿意改变他们的原有思想。所以，如果你想指正别人时，请你在每天早餐以前，读下面一段文字，这是从鲁滨孙教授明哲的思想中引申来的。

我们觉得我们在没有任何抵触情绪的情况下，可以主动改变自己。但如果有人告诉我们错了，我们就会反对这种指责，而且不理会别人的意见。

我们的信仰是如何形成的，我们不注意，但当任何人想掠夺这些信仰时，我们意识中会立即充满不正常的反抗情绪。很明显，不是信仰本身对我们有多宝贵，而是我们的自尊心受到了威胁……

有一次，我雇用了一位室内装饰者为我家中做些帐幔，当账单送到时，我吓了一跳——价格确实够高的。几天后，一位朋友来访，她看了这些帐幔，一提到价钱，她带着胜利的样子大声说："什么？太不像话了，你上了他的大当。"

真的吗？是的，她讲了真话，但很少人喜欢听反映他们判断力低下的真话。所以，我竭力为自己辩护，我指出最好的到底是最贵的，一个人不能用低廉的价格得到最好的品质和最高艺术品位，等等。

次日，另一位朋友来访，她赞赏那些帐幔，她的语调充满热情，她表示愿意为她的家中置备这样精美的工艺品。我的反应就完全不同了。"哦，讲句老实话，"我说，"我也没有财力置备那些帐幔。我买得太贵了，我真后悔买了它们。"

最善于布道的彼德牧师去世了。下一个星期日，艾鲍德牧师被邀登坛讲道。他尽其所能，想使这次讲道有完美的表现，所以他事前写了一篇讲道的稿子，准备到时用。他一再修改、润色才把那篇稿子完成，然后读给他太太听。可是这篇讲道的演讲稿并不理想，就像普通演讲稿一样。

如果他太太没有足够的修养和水平，一定会向丈夫这样说："亲爱的艾鲍德，这篇演讲稿糟透了，哪能用呢？听的人一定会昏昏沉沉地睡去，因为它读起来就像百科全书一样枯燥无味。你讲道这么多年，应当很明白。老天爷，你为什么不像平常一样讲话，为什么不自然一些？"她当然可以向她丈夫这样说！试想一下，她这样说，后果又会如何呢？

那位艾鲍德太太是很有修养的人，所以她懂得巧妙地暗示她丈夫，她说："亲爱的艾鲍德，如果把那篇讲道演讲稿拿去发表，那一定是一篇极好的文章。"她暗示丈夫，她赞美丈夫的杰作，这篇演讲稿并不适合讲道时用。

艾鲍德明白了他妻子的暗示，就把他那篇绞尽脑汁所完成的演讲稿撕碎。他什么也不准备，就去讲道了。

我们要劝阻一件事，永远躲开正面的批评，这是必须要记住的。如果有批评必要的话，我们不妨旁敲侧击地去暗示对方。对人正面的批评，那会毁损了他的自重，伤害了他的自尊。如果你旁敲侧击，对方知道你用心良苦，他不但接受，而且还会感激你。

"当这个人侮辱我，对着我挥拳，告诉我，我不懂业务，我用尽了我所有的自制力，我不争论辩护。那确实需要很大的自制力，但这是值得的。假如我告诉他，他是错的，我们就会开始辩论。随后将发生诉讼、恶感、经济损失、一个重要顾客的失去。是的，我深信告诉一个人他是错误的，绝对不值得。"我经常这样说。让我们再举一例——不要忘记我举的这些例子代表数千人的经验。

克劳莱是纽约太勒木板公司的推销员。克劳莱承认他曾很多年、很多次告诉老资格的木料检查员，他们错了，而他也曾在辩论中得胜，但是他却一点好处都没有得到。"因为这些木料检查员，"克劳莱先生接着说，"像棒球裁判员一样，他们'一旦决定，永不变更'。"克劳莱先生发觉他的公司因为他争辩得胜而损失成千上万的金钱，所以在学习我的课程时，他决定改变策略，放弃辩论，不再试图证明别人的错误。结果如何？下面是他对同班学员的叙述：

  一天早晨，我办公室的电话响了，一位气愤烦躁的人在电话里告诉我，他对我们送到他厂里的一车木料非常不满意，他的工厂已经停止卸货，他要求我们立刻设法将货物从他们的货场运走。在卸下四分之一货物以后，他们的木料检验员说，木料在标准等级以下55%，在这种情况之下他们拒绝接收。

  我立刻赶到他的工厂去，路上我一直思考处理这种局势的最好方法。在通常情况下，我会引证木料分级规则，用我自己做检验员的经验和知识，使那位检验员相信木料确实符合标准，是他误解了规则，但我想我还是应用在班中所学的原则。

  当我到了工厂的时候，我看见采购代理人和木料检验员表情严肃，很不痛快的样子，很可能准备同我辩论、争战。我们走到正在卸货的货车旁，我请求他们继续卸货，这样我可以看看情况如何。我请检验员照常进行检验，将拒收的放在一旁，并将合格的另外放一堆。

  看了一会儿后，我明白他的检验确实太苛刻，而且他又误解了规则。这批木料是白松，我知道这位检验员有丰富的硬木知识——但不是一位称职的、有经验的白松检验员。白松知识是我自己的特长。但我是否直接否定他的分级方法了吗？绝对没有。我继续观察，渐渐地我开始询问为什么不满意。我没有一刻暗示这位检验员是错误的，我郑重声明，我询问的唯一原因，是为了将来把他们定的货准确发给他们。

用友善、合作的态度询问，并继续坚持他们将不满意的木料分开是对的，我使他温和起来，而我们彼此间的紧张关系也开始缓和了。偶尔，我小心翼翼地说一两句话，使他心中产生了这样的想法：也许在拒收的木料中，实际上也有符合我们购买标准的。其实他们需要更贵重的木材。但我很小心，不让他知道我要指出这一点。

渐渐地他的态度改变了，他最后向我承认他对于白松没有很多检验经验。他在每块木板从车上卸下来时，开始询问我，我就解释为什么这样一块是合乎规定标准的，但我继续坚持，如果木料不符合他们的要求，他们仍然可以拒收。后来出现下面的情形：每次他将木料放在拒收的木料堆中时，他的神色就显出不安。最后他看出来，没有按要求订购木料，是他们的错误。最后的结果是，在我走后，他将整车木料重新检验，并接受全部木料，我们收到一张付足货款的支票。单单只是在这一件事上，一点小手段——即避免"直接"告诉对方他是错误的，就为我公司避免了一大笔资金损失，至于由此而留下的好感，更绝非可以用金钱来衡量的了。

附带的我要告诉你们，19个世纪以前，耶稣说："赶快向你的对手表示同意。"换言之，不要同你的顾客或你的丈夫、或你的敌手辩论。不要告诉他，他错了，不要刺激他，只用一点外交手段。

先说出自己的错误

用争夺的方法，你永远得不到满足，但用让步的方法，你得到的将比你期望的还多。

当富兰克林·罗斯福入主白宫的时候，他向公众承认，如果他的决策能达到75%的正确率，那就达到了他预期的最高标准了。像罗斯福这么一位世纪杰出人物，他的最高希望值尚且如此，可见我们在平时犯下的错误有多少。你如果先承认自己也许弄错了，别人才可能和你一样宽容大度，认为他有错。这就像拳头出击一样，伸着的拳头要再打人，必须要先收回来方有可能。

我们来设想一下，如果你认定别人有错，你出于好心而直接告诉他，那结果是怎样呢？如果对方是一个脾气好的人，也许不会发作，可心里对你却不会有好印象。而要是碰到暴躁的人，肯定马上会指着你的鼻子，暴跳如雷。你能得到的是什么呢？

哈尔德·伦克是道奇汽车的代理商，他说，销售汽车这个行业压力很大，因此他在处理顾客的抱怨时常常冷酷无情，于是造成了冲突，使生意减少以及产生种种的不愉快。后来，面对顾客的不满，他会说："我们确定犯了不少错误，真是不好意思。关于你的车子，可能我们也有错，请你告诉我吧。"

这个办法很能够使顾客平静下来，而等到他们气消之后，通常就会更讲道理，事情就容易解决了。很多顾客还因为这种谅解的态度而向他致谢。其中两位还介绍他们的朋友来哈尔德这里买新车。在竞争激烈的商场上，相信对顾客所有的意见表示尊重，并且以灵活和礼貌的方式处理，就会有助于胜利。

承认自己也许弄错了，这样就绝不会惹上不必要的困扰。这样做了，不但能避免争执，而且对方见你如此有礼，不可能跟你过不去，也会以礼相待，宽宏大度，承认他自己也有可能错了。双方在一种和谐和互相谦让的气氛中解决问题，那么就容易达成协议。

当然，这在事实上是没有错的，承认自己有错让你有些难堪，心中总有些勉强，但这样做可以把事情变得更加顺利，成功的希望更大。当然，这是假如从原则上说你是对的情况下，你该先尊重别人的意见；但如果你真的错了，你最好是迅速而真诚地承认，这比你去争辩有效得多，而且有趣得多。

我住在纽约市中心，从我家步行不到十分钟，就有一片树林，人们叫它"森林公园"。我经常带着那条波士顿哈巴狗瑞克斯去公园里散步，由于公园里很少看到人，所以我不替瑞克斯系上皮带或口笼。

一天，我带着瑞克斯在公园闲逛，我看到一个骑着马的警察——一个急于要显示他权威的警察。他大声责问我说："你让那条不戴口笼的狗在公园乱跑，难道你不知道那是违法的吗？"我轻声地回答说："是的，我知道是犯法。不过我想它不会在这里伤害人的。"

那警察头颈挺得硬硬的说："你想不至于！你想不至于！法律可不管你怎么样去想。你那条狗也许会伤害这里的松鼠，也许会咬伤来这里的儿童。这次我放过你，下次我再看到你那条狗不拴链子，不戴口笼，你就得去跟法官讲话了。"我点点头，答应遵守他所说的话。

我是真的遵守了那警察的话，但只遵守了几次。原因是瑞克斯不喜欢在嘴上套上个口笼，我也不愿意替它戴上，所以我们决定碰碰运气。起初安然无事，但有一次，我终于碰了一个钉子。那次，我带了瑞克斯跑到一座小山上，朝前面看去，一眼就看到那个骑马的警察。当然瑞克斯不会知道怎么回事，它在我前面，蹦蹦跳跳，直往警察那边冲去。我知道事情坏了，所以不等那警察开口，干脆自己说了。我说："警官，我愿意接受你的处罚，因为你上次讲过，在这公园里，狗嘴上不戴口笼，那是触犯法律的。"那警察用了柔和的口气，说："哦……我晓得在没有人的时候，带着一条狗来公园里走走，是蛮有意思的！"

我苦笑了一下，说："是的，蛮有意思。可是，我已经触犯了法律。"那警察反替我辩护，说："像这样一条哈巴狗，是不会对人造成伤害的。"我却显得很认真地说："可是，它可能会伤害松鼠！"那警察对我说："那是你把事情看得太严重了……我告诉你怎么办，你只要让那条小狗跑过山，别让我看到，这件事也就算了。"

这个警察，其实也很有人情味。他需要得到的不过是一种自重感。当我自己承认错误时，他唯一能滋长自重感的方法，就是采取一种宽大的态度。那时，如果我跟那个警察争论、辩护，所得的效果和现在就完全相反。

我不跟他辩论，我承认他是完全对的，而我是绝对错误的。这件事由于我说了他的话，而他就替我做了分辩。我们各得其所，这件事就圆满地结束了。

假如我们已知道一定要受到责罚，那我们何不先责备自己，找出自己的缺点，那是不是比从别人嘴里说出的批评，要好接受得多！

在别人责备你之前，很快地找个机会承认自己的错误，对方想要说的话，你已替他说了，他就无话可说，那你就有百分之九十九的机会会获得他的谅解。正像那骑马的警察对我和瑞克斯一样。任何一个愚蠢的人都会尽力为自己的错误辩解的，但只有真诚地承认自己的错误，才能够给人一种尊贵、高尚的感觉。

让对方觉得决定是自己做出的

在人的骨子里有这样一种特质：没有人喜欢被强迫去做事或接受他人的意见，人们都喜欢依自己的意愿购置东西，按自己的想法去做事，而且，任何人都会很高兴有人探询自己的想法，征求自己的意见。我们可以想想，自己的主意是不是比别人的主意更受到你自己的重视？若的确如此，那么，如果将你的意见强塞进别人的脑子里，是不是也有失明智呢？

尤金是纽约州一个画室的推销人员，他的工作是把画室设计的草图卖给那些服装设计师和纺织制造商。尤金干这一行已经有些年头了，积累了丰富的经验，每次总是能把草图推销出去。可是有一次，他遇到了一个很难被说服的客户。这是个在当地小有名气的服装设计师。

每次尤金去的时候，这位设计师总是热情地接待他，把他带去的草图仔细地看一遍，但就是不购买。为了拿下这份业务，尤金已前前后后跑了150多次了，可是始终没有结果。

失败没有改变尤金的决心，每天晚上他都要抽出一点时间去研究说服别人的哲学，以发展新观念，创造新的热忱。

不久，尤金找到了一种新的方法。他随手拿出几张尚未完成的草图，来到这位设计师的办公室，请设计师提出自己的意见。这一次，设计师把未完成的草图留了下来，叫尤金过几天去找他。几天后，尤金来到设计师的办公室，获得了设计师的修改意见，并按他的意见完成了图案设计。设计师二话没说就买下了这些草图。从那时起，这位服装设计师成了尤金的固定客户，经常会向他购买一些图案，而这些草图完全是依据设计师的想法画成的。

尤金的做法很简单，他只是让客户觉得图案是他自己创造的，这样他也用不着推销，去催促对方买下这些图案，对方会自动去买。提出一个建议，让他自己做决定。这样可使别人觉得结论是他自己得出来的。

罗斯福做纽约州长时，每当有重要职位需要补缺，他都请那些政党要人推荐。当然，这些人最初推荐的都是一些不受欢迎的人物，罗斯福以民众不能通过予以拒绝。

后来他们又推选了一个出来，那人表面上看来虽然并没有可以批评的地方，可是也没有令人称赞的优点。罗斯福就告诉他们，如果任用这样的人，就会有负公众的期望，所以请他们再推选出一个更适合这个职位的人。他们第三次推荐的人，已经比前两位强多了，可是还不十分理想。于是，罗斯福对他们表示了感谢，并让他们再试一次。第四次他们所推荐的，正是罗斯福所需要的人。

在对他们的协助表示感激之后，罗斯福就任用了这个人。而且，罗斯福还使他们享有任命此人的名义。趁此机会，罗斯福就对他们说，他已经做了使他们愉快的事，现在轮到他们顺从自己的意见，做几件事了。罗斯福相信那些党政首要们也愿意这样做，因为他们帮助了政府的重大改革，诸如选举权、税法及市公务法案等。

当然，罗斯福在一遍遍地征询他们的建议时也是付出了很多时间和精力的，但这种做法使那些首脑们真正地感觉到，是他们"自己"选择了候选人，任命也是他们最先提出的。

长岛有一位汽车商人，利用同样的技巧，把一辆二手汽车顺利地卖给了一位挑剔的苏格兰人。

这位苏格兰人去商人那里看了很多次车，总是觉得不满意，这让商人很恼火。后来，这位商人的朋友建议他停止向这位苏格兰人推销，而让他自动购买。朋友告诉他，不必告诉苏格兰人怎么做，而是让他告诉你该怎么做，让他觉得出主意的是他。

商人听取了朋友的建议。几天之后，当有位顾客希望把他的旧车换一辆新车时，商人开始尝试刚学到的新方法。他知道，这辆旧车对那位苏格兰人可能会有一定的吸引力。于是，他打电话请那个苏格兰人过来帮个忙，提点建议。

苏格兰人到了之后，商人请他为这部车子估估价。苏格兰人很愉快地答应了商人的请求，他开车到外面转了一圈，试了试车的性能，最后建议商人用300美元的价格买下这辆车。商人随即问苏格兰人，如果他能以这个价钱卖这辆车，他是否愿意买？苏格兰人二话没说就同意了，因为这是他的意见。

一位X光制造商，运用同样的技巧，将他的第一批仪表卖给了布鲁克林最大的一家医院。这家医院正在建造机房，准备安装美国最好的X光机。L博士，新建机房的负责人，被推销员们包围了，每个人都说自己的仪表是最好的。但这位X光制造商比较精明——在说服别人的技巧方面，他比别的人好得多，他给L博士写了这样一封信：

> 我们最近研制成功了一种新式的X光机。第一批机器刚刚运到我们办事处，它们当然不是最完美的，我们知道这一点，而且我们正努力改进它们，如果您能抽空来看一看，告诉我们如何更能适合你们使用，我们将非常感激。我们知道您很忙，我们很愿意在您指定的时间派车去接您。

"我接到那封信真的很惊异，"L博士在后来叙述这件事时说，"我既惊异，又有点受宠若惊了，从来没有一个X光机制造商征求过我的意见，它让我觉得自己重要，我觉得我受到很大的恭维。那段时间，我每晚都很忙，但我取消了一个又一个约会，只是为了去看那台机器。我越研究越发现我非常喜欢那台机器。""没有人让我买那台X光机，我觉得是我说服医院买下了那家的X光机。我用那台机子的优点说服了我自己，然后把它安装起来。"

威尔逊总统在白宫的时候，当他处理国内、国际大事时，赫斯上校对他影响很大，威尔逊依赖赫斯上校比依靠他的内阁成员都多。上校是用什么方法影响总统的？

　　幸运的是，我们知道了他的秘密，因为赫斯自己曾对史密斯透露过，而史密斯在星期六晚报的一篇文章中引用了赫斯的话："我认识总统以后，通过观察、研究我发现，让他相信一个主意的最好方法，就是将这种主意'偶然'地移植在他的脑子里，让他对此产生兴趣，使他主动思考，从而'想出'这个主意。

　　"这个方法第一次发生作用，是一件很意外的事。我到白宫拜访他，劝他采取一项新政策，但这项政策，当时他似乎不大赞成。几天后，在聚餐的时候，我很惊讶地听他说出我的提议，当然是他自己的主意。"赫斯有没有阻止过他，说，"那不是你的意思，那是我的吗？"绝对没有，赫斯绝对没有。他太精明，不至于那样做。他从不居功，他要的是效果，所以他使威尔逊总统继续感到那个主意是他的。

　　赫斯做的实际上比这还多，但他一直公开宣称这些都是威尔逊的功劳。几年前，纽布伦斯维克有一个人对我使用这个方法，使我成为他的顾客。

　　我那时计划到纽布伦斯维克划船、钓鱼，于是我写信给一家旅行社打听消息。我的姓名、住址显然被列入公开的名单里，因为我马上被野营中心和导游处寄来的十几封信件、小册子包围，我被弄昏了，我不知道选哪一家好。

　　后来有一位野营主任做了一件很巧妙的事——他给了我几个

他曾接待过的纽约客人的姓名和电话号码，请我打电话给他们，自己去调查他的服务如何。我很惊异地发现我认识其中一个人。我打电话给他，请教他的经验，然后打电话给这家营地告诉他我到达的日期。其他人都想卖给我他们的服务，但有一个人使我成功买了，他胜利了。

打破障碍和僵局

沟通是人与人之间有效交流的重要桥梁，相关研究表明，一个人的成功85%靠人际关系，而沟通则在人际关系中占据决定性的地位，但在现实生活中，并非所有的沟通都是有效的。每个人都有自己的背景、知识体系以及观点等，这些都会影响沟通效果；此外沟通过程中出现的诸如环境、时间、地点等因素都对沟通效果有着不同程度的影响。

与同事的分歧，与领导的争吵，工作中的百思不得其解，朋友之间的误会……这些麻烦都是由沟通不畅引起的。所以，要想把人际关系理顺，首先就要打开沟通的大门，只有提高沟通效率，与人精诚合作才能顺利取得成功。

通常来说，这里所谓的"沟通"主要是指语言沟通，一个具备语言能力的正常人都可以与他人沟通，但这并不意味着都能保证沟通效果。说话的语气、态度、表达方式等都会直接影响结果，很明显，用友好的语气提出批评建议比气急败坏的训斥更有效，这就是沟通中的智慧，选对沟通方式往往比盲目的情绪化的沟通更有效。

除此之外，沟通者的性格、心理等也是影响沟通效果的一个重要因素。在实际生活中，有不少人都或多或少地存在沟通上的心理障碍，比如过于自卑的人在与他人交谈时往往显得怯懦、不自然；过于内向的人则容易脸红、紧张；嫉妒者则往往言语尖酸刻薄；愤怒者一般会比较激动……性格以及随环境变化的情绪都会对沟通效果产生不可预估的影响。

苏珊就职于一家少年写作培训班，作为一名幼儿写作老师，她可谓十分尽职尽责，然而班里一名叫莎莉的高个子女孩却令她十分头疼。表面上来看，莎莉是一个很讨人喜欢的孩子，她性格开朗活泼，与小伙伴们的相处也很融洽，遗憾的是课堂上的表现却总是令人失望。课上与课下的莎莉简直就是两个人，课下她像只叽叽喳喳的小鸟，和伙伴们有说有笑地游戏；然而到了课上则是一副面无表情的样子，哪怕是苏珊讲有趣的故事，她也依然如此，似乎对任何知识都毫无兴趣。

为了改变这种状况，苏珊多次利用课余时间找莎莉谈话，并耐心地询问她的想法以及对待上课的态度等，然而效果却并不理想。因为只要一靠近莎莉，她就像一只被野兽追赶的猎物一般立刻警觉起来，不管苏珊怎样和善、耐心，她总是怀有戒心，什么都不肯说。苏珊并没有因此灰心，而是主动与孩子的父母沟通，并在沟通过程中得知：莎莉在家学习写作的积极性是很高的，但至于为什么在学校里的表现恰恰相反却不得而知。

了解了这些情况后，苏珊决定用自己的热情打开与莎莉的沟通之路，每次上课她主动微笑着打招呼，课堂上有意识地为莎莉创造更多的发言机会并且毫不吝惜自己的赞赏。

在热情的感召下，莎莉终于发生了转变，在课堂上的表现也开始积极起来，学习上遇到不懂的问题时还会主动提问。苏珊借助自己的热情成功架起了与学生的沟通桥梁，由此也不难看出热情对沟通效果的影响。

生活中每个人的性格都不同，有些人性格偏于冷淡，他们往往不愿意向他人敞开心扉，在与这样的人沟通时，千万不能被他们冷漠的外表吓到。只要我们足够热情就一定能够打动对方，并最终走进对方的真实内心，实现更为有效的沟通。

信任是沟通的基础，如果沟通双方相互猜忌，相互怀疑，那么只能造成更多的沟通障碍，甚至会直接导致人际关系的破裂。

沟通就是让他人懂得自己的本意，自己明白他人的意思。只有达成了共识才可以认为是有效的沟通。团队中，团队成员越多样化，就越会有差异，也就越需要队员进行有效的沟通。

打破沟通的障碍，沟通的态度要适宜，不能太过极端。

交往过程中，也不该以貌取人，要通过深入沟通后做定论。和人交谈时应避免因为其他事情而烦躁，以致影响彼此的交流。所以，在沟通过程中，我们一定要有意识地控制自己的情绪，以免因为负面情绪而造成沟通效率低下。人无完人，所以要克服自身缺陷，过于外向的人在与人交谈时常常是眉飞色舞，情绪激动，殊不知过于活泼的表现会削弱对方对谈话内容的关注，也不利于顺利沟通，所以在正式场合则需要适当地收敛。

　　沟通是我们日常生活中不可或缺的活动，这过程中既不能只顾自己想说什么就说什么，不考虑他人感受；也不能光听不说，否则都会造成沟通上的障碍，从而导致沟通效果低下，给工作和生活造成不必要的麻烦和误会。在愉快的交谈中把事情办妥才是我们的目标，基于此，就一定要努力提高自己的沟通能力，打破沟通中存在的各种障碍和僵局。

第六篇

维系婚姻和谐的心理法则

立刻停止致命的唠叨

据我观察，许多做妻子的，在不断地一点点地挖掘自己婚姻的坟墓。拿破仑的侄子，也就是拿破仑三世，爱上了女伯爵玛利亚·尤琴。玛利亚是全世界我所知道的最美丽的女人。拿破仑三世和她结婚了。他的顾问说："他的父亲在西班牙仅仅是一位地位不是很显赫的伯爵。"拿破仑三世反驳道："那又怎么样？"

玛利亚的年轻、妩媚、貌美、高雅吸引着他，使他产生强烈的向往之情。为了她，拿破仑三世甚至在一篇皇家文告中激烈地反对全国的意见，他宣称："我已经选上了一位我所敬爱的女人，她是我心中目中第一个漂亮的女人！"

他和他的新婚妻子拥有财富、权力、声誉、爱情、尊敬、健康。这一切都符合我们所想象的十分完美的爱的浪漫史。拿破仑三世的爱情之火也烧得比任何时候都旺盛和狂热。

但这爱情之火很快就熄灭了。拿破仑三世能够使尤琴成为他的皇后，但他的爱情也好，权力也罢，都无法阻止女人的唠叨挖掘他们婚姻的坟墓。

尤琴被嫉妒的魔鬼所蛊惑，变得多疑和猜忌。有时甚至公然藐视他的命令，也不给拿破仑三世一点私人空间。当他在处理国家事务的时候，尤琴总是怒气冲冲地闯入他的办公室；当他和大臣们讨论最重要的事情时，她也会用尽方法干扰他；尤琴根本不会让他一个人单独待在自己的办公室里，总是担心他会和其他女人亲热。

最要命的是，尤琴还总是跑到她姐姐那里，哭哭啼啼、唠唠叨叨，数落丈夫的不好。她甚至会不顾一切地冲进丈夫的书房，大声地数落咒骂他。身为法国皇帝的拿破仑三世，在十几处华丽的皇宫中竟然找不到一处安静的地方可以休息。

尤琴这样做，到底能够得到什么呢？

莱哈特在他的一本著名的书《拿破仑三世与尤琴：一个帝国的悲喜剧》中曾这样写道："于是拿破仑三世常常在夜间，从一处的小侧门溜出去，头上的软帽盖着眼睛，在他的一位亲信的陪同之下，真的去找一位等待着他的美丽女人，再不然就出去看看巴黎这个古城，在神仙故事中的皇帝不常看到的街道散散心，放松一下自己经常压抑的心情。"

这就是答案，这就是尤琴无尽唠叨得到的结果。她虽然坐在了法国皇后的宝座上，也是世界上最漂亮的女人，但这全都在她叨唠的毒害下，无法保全她的尊贵和魅力，也不能保持住她原本甜蜜的爱情。最终，尤琴高声哭喊着："我所惧怕的事情，终于降临在我的身上。" 这一切都是她自找的，而不是降临在她身上。这个女人所有的不幸，都来自于她的唠叨。

第六篇
维系婚姻和谐的心理法则

在地狱中，魔鬼发明一种成功并且十分恶毒的方法，他用它来破坏爱情。它就是唠叨。用这个办法从来没有失败过，就像眼镜蛇的毒性，一击即中，一旦咬中，就常常导致爱情的破裂，更有甚者会致人死命。

林肯一生最大的悲剧，不是被人刺杀，而是他的婚姻。根据他的律师事务所合伙人荷恩描述的他的婚姻，用了"婚姻不幸"这四个字。"婚姻不幸"说得比较委婉。林肯近20年的每一天都几乎受到林肯夫人玛丽的唠叨，这让林肯心里没有半点平静。

林肯的夫人总是抱怨这个，抱怨那个，嫌弃林肯的一切。在她看来，林肯做的一切，都没有做对过。她埋怨林肯走路的样子：总是佝偻着肩膀；林肯提起的脚步，直上直下的样子，走起路来很奇怪，像极了一个印第安人。这都是他的妻子嘲笑抱怨他的理由。有时，她抱怨他走路没有弹性，姿势十分不雅，甚至模仿他走路的样子以取笑他。在林肯的耳边经常听到他妻子的唠叨声："你应该脚尖先着地！"

林肯的两只大耳朵也没少遭到他妻子的唠叨，她甚至说："林肯，你的耳朵成直角长在你的头上，鼻子也不直，嘴唇又太过突出。手脚太大而脑袋太小，看起来就像是个痨病鬼。"

林肯夫人尖锐而高亢的声音常常会在夜晚把邻居惊醒。她发怒的方式，常常言语过激，而暴躁的行为也是数不胜数。

林肯和妻子玛丽，在各个方面都是相反的，他们之间根本没有共同语言。

我们所知道的，伟大的文学家列夫·托尔斯泰就是由于想要逃离自己的唠叨的夫人而因肺炎在火车站逝世。托尔斯泰的一生确确实实是一场悲剧。他的夫人喜爱华丽，而他却看不起；他的夫人喜爱社会的赞誉和美好的声名，他却认为这些都是虚无的事情，分文不值；他的夫人渴望金钱财富，他却认为财富和私人财产让人有罪恶感。

托尔斯泰多年来，都坚持把自己的著作版权收入分文不取地送给别人。这让他的夫人十分受不了，她哭闹责骂，她想要那些书赚来的钱。如果托尔斯泰不理会她，她就会在地上打滚撒泼，说要自杀，歇斯底里地尖叫，甚至吞鸦片来威胁托尔斯泰。

最后，托尔斯泰82岁时，他再也不愿看到自己唠唠叨叨的夫人，就在一个下着雪的晚上，逃离了他的夫人。11天以后，他死在一处火车站里，临死前提出要求：不要让夫人到他的身边。托尔斯泰夫人的唠叨抱怨歇斯底里换来的，就是这个结果。

当托尔斯泰的夫人认识到自己的过错时，已经晚了。她逝世之前，把女儿们叫到身边。她对女儿们承认道："是我害死了你们的父亲。"她的女儿们知道母亲的抱怨和歇斯底里，没完没了的抱怨和批评，把他们的父亲害死了，但是，她们只能抱头痛哭。

《泰晤士邮报》曾写道：许多太太们不停地在慢慢自掘婚姻的坟墓。聪明的女士们，请控制好自己的嘴巴，掌握说与不说的平衡点，这对幸福亲密关系的建立至关重要。

避免家庭中无用的批评

正如唠叨、不礼貌是影响婚姻和家庭幸福的礁石一样，批评——无用而令人心碎的批评，也是婚姻幸福的敌手。

不要时时处处批评对方，这样改变不了对方。可有些人不仅在家庭内部，而且在朋友和熟人面前，也不忘批评和指责自己的伴侣。这种批评不仅改变不了对方的缺点和错误，反而还会伤害了双方的感情。如果对方确实有错，那就委婉地提出，真诚地帮助，甚至以情感的力量去感化对方，相信对方一定会在意你所付出的一切。

狄斯瑞利在公众生活中最激烈的对手是格莱斯通，这两人在大英帝国的每次辩论中都要冲突，但他们有一个共同点，即他们的私人生活都很快乐。

格莱斯通夫妇共同生活了59年。我喜欢想到格莱斯通这位英国最尊贵的首相，想到他握着他妻子的手绕着炉前的地毯跳舞，唱着他们心中的歌。

格莱斯通在公众面前是一个可畏的形象，而在家中从未批评过家人。当他早晨下楼用餐时，看见家人还在睡觉，他就用一种温柔的方式表示责备。他提高嗓门使屋中充满了神秘的声音，提醒别人，英国最忙的人独自在楼下等候他一个早晨。他既体恤人，又有外交手段，竭力避免家庭中的批评。

俄罗斯也有一位在处理家务问题上与格莱斯顿相类似的人，她就是女皇叶卡捷琳娜二世。她当时统治着世界上最大的帝国，有着至高无上的权力。在政治上，她常是一个残暴的君主，打仗、杀头对她来说都无所畏惧，但在家中，即使厨师把肉烤焦了，她却什么也不说，微笑着就吃掉它。

如果你有意批评你的小孩子……你以为我会说"别……"，但我不说。我只是说在你批评他们以前，读一读美国杂志中的一篇名著：《父亲忘了》。这篇文章最初发表在《大众家庭》杂志上。15年来，《父亲忘了》曾被多次翻印，在数百种杂志，机关以及全国各地的报纸上刊登，并译成许多种外国文字。

我曾让数千人在学校里、教会里以及讲台上宣读。广播上、电视台也多次播出，尤为奇怪的是，大学的杂志采用它，中学的杂志也采用它。有时一篇短文似乎具有动人的力量，这篇短文就是这样。

《父亲忘了》全文如下：

　　静听，我儿。我在你睡熟的时候这样说，一只小手掌，被你的小脸压皱，金色头发贴在你潮湿的额头上。我独自偷偷溜进你的房间，只是在几分钟前，我坐在书房读报的时候，一种窒息的懊悔情绪遍布我全身，我充满内疚地来到你的床前。

孩子，这些是我想的事：我曾对你粗暴，当你整装入学的时候，我骂你，因为你只用毛巾将脸一抹。我因为你没有擦鞋，罚你劳动。当你将东西丢在地板上时，我愤怒地大声呵斥。

早餐时，我也找茬：你弄洒了东西，你直接吞下你的食物，你将肘放在桌上，你在面包上抹的黄油太厚。当你开始玩，我去赶火车的时候，你转过来挥手喊着："爸爸，再见！"我又皱起眉头来回答说："把胸膛挺起来。"

傍晚的时候，这一切又重新开始了。我从街上回来，发现你跪在地上玩石子，你的袜子磨出了洞。我命令你在我前面走回家去，我使你在你朋友面前蒙受耻辱。"袜子费钱——如果你自己赚钱买它们，你就会更小心了！"试想，孩子，那种话竟由一个做父亲的口中说出来！你记得吗？后来，当我在书房阅读时，你怎样畏缩地进来，眼中显出一种伤感的神色。当我读完报纸抬起头来盯着你，对你的"打扰"很不耐烦，你在门边犹豫着。"你要干什么？"我怒喝道。

你没有说什么，而是冲动地一跃，跑过来用两臂抱住我的脖子，给我一个亲吻。你紧紧的两只小手臂让我感到一种热情——上帝如果将花栽在你心中，即使置之不理，这种热情也不会使它枯萎。然后你走了，踏击着楼梯上楼了。

啊，孩子，在那一瞬间，报纸从我手中溜下去，一种可怕的痛苦和恐惧涌到我的身上：我养成了些什么习惯？找错的习惯，责备的习惯——这就是我对你做孩子的奖励，并不是因为我不爱你，而是因为我希望你——一个未成年孩子的太多，那是用我自己岁数的尺码，来衡量你的。

在你的品格之中，有许多地方是真、善、美的。你小小的心，是同在广大的群山那边的太阳一样大，从你自然地冲动地跑进来给我亲吻可以证明。孩子，今夜没有其他事了，我在黑暗中来到你床边，我羞惭地跪在这里！

这是一种微弱的赎罪。我知道如果我在你清醒的时候告诉你，你不能理解这些事。但明天我将是一个真实的父亲了！我要与你亲密，你哭、我也哭，你笑、我也笑。

当批评的话来到嘴边，我要咬我的舌头，我不断地说：他不过是一个孩子——一个小孩！我恐怕自己已经把你想象为一个成人。但当我现在看你的时候，孩子，蜷缩在你的床上，我看见你还是一个婴孩。昨天你还在你母亲的怀中，你的头倚靠在她的肩上。我要求得太多，太多了。

夫妻间也是一样，相处之道在乎坦诚与体谅，要营造一个幸福和谐的家庭，请牢记以下名言：多些信任和接纳，给予空间，并以行动表示谅解；多包容，多忍耐，多欣赏，少批评，少抱怨。

狄克斯是研究婚姻失败问题的专家，他认为，在所有婚姻中，有50%以上是失败的。他知道使许多浪漫之梦撞击离婚礁石的一个原因，就是因为批评——无用的、令人心碎的批评。

对妻子表示衷心的赞赏

赞赏对方是一种巨大的精神力量，它是金钱难以买到的，是超越所有金钱的价值更高的财富。一个家庭如果到处充满着赞赏，你想不幸福都难。

赞赏对方是一本万利的事。每个男人都应该知道，用奉承的方式可使他的太太愿意做任何事情，而且什么也不顾地去做。他知道，如果他只夸奖她几句，说她家庭管理得如何得好，说她如何地帮助他而不必花他一个钱，她会把她的每一分私房钱都搭上了。

每一个太太都认为她丈夫完全知道该怎么做，因为她早已把如何对待她的方式全部告诉了他。但他宁愿不顺从她的意思，反而花钱吃不好的东西，把钱浪费在为她买新衣服、新型豪华轿车上，而不愿意花精神来奉承她一点，不愿意以她所要的方式来对待她。她真不知道该喜欢他呢，还是讨厌他。

做丈夫的应该多多开口对妻子说话。说什么话呢？毫无疑问，说赞赏的话。比方说，对于妻子在打扮和穿着方面所花去的心思，丈夫应该表示出他的赏识。所有的男人，都知道女人非常注意衣着，但也常常会忘记这件事。例如，有一个男人和女人，在街上遇到了另一个男人和女人，这位女人很少会看另外一个男人，她通常会注意看另一位女人的衣着怎样。在场的各位男同志，大多不会记得他们五年以前穿的是什么西装或衬衣，而且没有记住这些事情的想法。但是女人——她们就不同了，我们男人真应该认清这点。法国上流社会的男人，在这方面很有教养，不但对女人穿戴的衣帽表示赞美，并且在一个晚上不止赞美一次，而是好几次。几千万个法国男人都这么做，一定有他们的道理。

我曾在一本杂志上看到了一段访问艾迪·康塔的记录。那段记录是这样写的："我得自夫人的帮助，比得自世界上任何其他人还多。"艾迪·康塔还说，"当我年轻的时候，她是我的益友，使我走上正途。我们结婚以后，她节省下每一块钱，并拿去投资再投资，她为我建立起一大笔资产。我有五个可爱的子女，她经常为我把家里收拾得舒舒服服。如果我能够有所成就，一切应归功于她。"

在好莱坞，婚姻就是冒险，即使伦敦的鲁易保险公司也不敢保险，但是华纳·白斯特的婚姻，却是少数几个特别幸福婚姻中的一个。白斯特太太做小姐时的名字是魏妮菲·布瑞苏，她放弃了如日中天的舞台事业而结婚了，但是她从来不以她的牺牲来破坏他们的幸福。"她失去了在舞台上受大众喝彩的机会，"华纳·白斯特说，"但我却尽一切努力，要使她知道我对她的喝彩。如果女人要从她丈夫那里得到快乐，那一定是得自他的赞赏和忠实的热爱。如果赞赏和忠实的热爱出自他的真心，她就会得到幸福快乐。"因此，如果你要维持家庭生活的幸福快乐，最重要的原则之一是：衷心地对对方感兴趣，衷心地表示赞赏。

赞赏妻子，很重要的内容是赞赏她在生养孩子上所作的贡献。自古以来，人们都认为生育是妻子的专利，男人只需坐享其成就可。这种观念会带来两项误解：第一，女性必须具备与生俱来的天分，能不经学习就熟知分娩与育婴之事。早先的大家庭时代，长女通常可借照料弟妹来猎取经验，但今天除了"准妈妈教室"提供一些参考外，她们根本没有实际的经验。第二，丈夫与父亲的角色不易合一，在观念里他们虽是父亲，但实际上产后所有的亲子感情都落在母亲身上，父亲只能袖手旁观，无法建立参与的感觉。

正确的产后夫妻关系，必须建立在双方对新角色所能接受的程度上。在新角色里，夫妻的生活与以往不一样，彼此的关系也比以往更为疏离，男女分工的责任更为平均。但现代的女性往往要兼顾事业与小孩，很少人能够两样都做得很好。心理学家安·戴利女士在其《母亲的权利与影响》一书中指出：虽然女性不一定只能把一种角色做好，但如果两种都能做好的话，她可算是女超人了。

到了第二胎出世以后，"婚姻生活"将彻底地转变成"家庭生活"了，女性也将产生被社会遗忘的感觉。她们为了孩子所付出的全部心力，可能会造成某种自我牺牲。因此，丈夫的鼓励是很重要的，如果他能说这样的话——"我知道你已经被孩子的事拖累了，你已不再感觉像个独立的人了，但是，你的工作是伟大的，我对你的爱始终不渝"，会让妻子感动不已，觉得再辛苦也值得，但又有多少男人能有如此的细心呢？

即便度过了最繁忙的生育期，在很长的一段时间内，女性仍面临着这样的问题：工作负担过度、精神压力大，夫妻间的冲突、因年龄渐长生出的嫉妒、孩子的利益与自身的利益间的调整以及小孩成长所带来的教育问题，等等。虽然又回到了外界工作，但绝大多数女性都不可能不顾家。至于男性呢？他们能从小孩身上得到满足吗？他们也有被依赖的感觉吗？今天的社会对此问题的答案很少。

现代女性可以集职业妇女、妻子与母亲三种角色于一身，但父亲的贡献何在？他们难道是多余的吗？至少这个社会并没有把他们的重要性清楚地勾勒出来。然则，我们可以确定，今天妇女仍把生育小孩视为女性的天职，她们把家庭当作长期的精神投资场所，其所带来的满足与鼓舞，足以弥补其付出的辛劳。

很多人过分强调了以下事实：婚姻关系不稳定，加上现代女性多半不愿放弃自己的事业、理想，很多女性不愿多生甚至压根就不愿意生小孩，使得近年不少国家的出生率保持下降趋势，甚至低于死亡率。应该说，即便如此，对多数女性而言，营造美满温馨的家庭仍是她们奋力追求的目标。

做丈夫的不要一味地去指责妻子，而要从现在开始，勇敢地担负起家庭的责任来，同你的妻子共同营造一个温馨和谐的家庭。只要丈夫做了自己应该做的，妻子会很容易表现良好的。这一点，男人们大可放心。因此，每一个想成为未来领导者的人，把更多的智慧花在构建美满家庭上吧！

给丈夫足够的自由空间

快乐是一种积极乐观的生活状态，而不仅仅只是一种好心情。我们都想使自己的家庭生活幸福，那么，我们应该记住这样的话：不要改变你的伴侣，给他点儿自由的空间。

"和别人相处所要学习的第一课，就是不要干涉别人寻找快乐的特殊方式，如果这些方式并没有对我们产生强烈妨碍的话。"亨利·詹姆斯这样说。在伍德的著作《在家庭中共同成长》中说道："若想婚姻成功，绝不只是找一个好的配偶，你也要自己成为一个好的配偶。"

给丈夫一把看起来杀伤力巨大的刀，却没有给他足够肆意挥舞的空间。这样，还不如给他一把水果刀。和丈夫共享一个嗜好，会使他变得快乐。但是，每个人都有享有自己特殊嗜好和兴趣的权利。

安德瑞·摩里斯在《婚姻的艺术》中表示："没有一对婚姻能够得到幸福，除非夫妇之间能够相互尊重对方的嗜好。更深层一点说，如果希望两个人有相同的思想、相同的意见和相同的愿望，这个想法很可笑。这种事情是不可能的，也是不受欢迎的。"

如果你的丈夫热爱集邮，那么，应该让他有足够的空间去做自己喜爱的事情。或许，你会觉得他的爱好傻里傻气又花销巨大，但你不能仅仅因为自己不能领会它的迷人之处就讨厌它，更不要有任何嫉妒的想法。应该给对方足够的空间发展他自己的爱好。

荷马·克洛伊在写《威尔·罗杰斯传记》电影剧本的时候，经常住在加州的一家农场里。克洛伊告诉我，有一天，罗杰斯突然想要一把外貌奇丑，而且杀伤力极强的南美大刀。

罗杰斯的太太十分不理解丈夫为什么对这把刀情有独钟。她的第一个想法就是劝丈夫不要买。如果真的有了这样一把刀，也只能是看过两眼以后就忘了，然后放在一边不闻不问。

但罗杰斯的太太决定要迁就丈夫，给他足够的空间去完成他想要的。她甚至亲自帮丈夫从很远的地方买来了这把刀。这件事情使罗杰斯高兴得像个小孩子。

在罗杰斯的牧场中，有的地方长满了矮树丛。这些矮树丛长满了刺，罗杰斯就拿着这把大刀在矮树丛中砍伐几个小时。最后，罗杰斯清理出来可供行人和马匹通过的小径。当罗杰斯遇到难题时，也会背上这把大刀，独自走到树林中大砍特砍，自我消遣。独处一段时间后，就大汗淋漓地回去，他的问题就解决了，而且牧场也变得干净整洁了。

罗杰斯经常对别人说，这把大刀是他收到的最好的礼物之一。罗杰斯太太也认为自己能够迁就丈夫在她看来有些可笑的想法，总会感到很开心。

比罗杰斯拿着这把大刀在牧场挥舞着工作，更加健康的发泄紧张情绪的活动，你一定能够找到。这就是一种爱好能带给男人的好处，能够使他神清气爽，发泄后能够快速冷静热心地回到自己的本职工作中。所以，作为女人，应该要给丈夫足够空间去养成工作以外的嗜好，这样，你也会从中得到益处。

我的表姐是詹姆·哈里斯夫人，她嫁给了一位审计员。她的丈夫哈里斯在一家大型石油公司工作。哈里斯喜欢在工作之外的时间装饰室内和修整家具。我的表姐非常欣赏他的手艺，因为这常常能够使他们的家漂亮而吸引人。

哈里斯还有其他的爱好，这些爱好能够给他人带来无限的乐趣。譬如：他们家有一只黑色的苏格兰小猎狗马克，他会教马克演把戏。马克虽然是业余演员，但它还是非常喜欢观众的。它最拿手的就是弹钢琴。这给哈里斯带来了很多欢笑。

妻子完全不必担心丈夫追求别的女人，因为她可以鼓励丈夫培养一种嗜好。只有对生活感到无趣和厌倦，才会被别的女人所吸引。

心理学家曾给过我们一种警告信号：一个男人如果沉迷嗜好而忽略了本职工作的时候，作为妻子的你就应该特别注意了。这种现象表示有些不对了。一定有什么原因让他通过嗜好来逃避工作。爱好真正的价值是在工作之余放松我们的心情，而不是代替我们的工作。

　　一个幸福快乐的男人一定会比一个怕受到太太干扰的男人工作得更加出色，更能够获得成功。如果丈夫需要充分的空间，我们就该给他独处的空间。让丈夫独自去做他喜爱的事情，这会让他觉得拥有了真正属于自己的东西。这种情况适合任何一个人，而丈夫也是人。

　　有一个标准的单身汉告诉我：他会马上和这个女人结婚，如果这个女人愿意陪着他，而当他希望独处的时候，也能够尊重他这种愿望，让他独自去做他喜欢的事情。

　　家庭主妇通常有很多独处的时间，所以很难理解丈夫对于这段时光的渴望。一个希望独处的男人，只是说，他想要从女性的需求和约束中获得自由，可以用自己的方法来支配自己的灵魂。

　　有些丈夫想要在晚上离开家人出去待一段时间，或是打打保龄球，或是与男孩子打打纸牌。这些活动都会让他有一种自由独立的感觉。每个人想要得到的幻想都不一样。有的人会把自己关在车库里，有的人会选择钓鱼，有的会检查车子，有的人或许会读一本小说。不管怎样，妻子如果能够尽心地促成这件事情，那么她一定是一个聪明的女人。

　　丈夫需要从勒紧灵魂的皮带中解脱出来，作为妻子，应该帮助他们去培养一个放松心情的休闲爱好，给他们足够的时间去享受完全的自由，那么，你也会获得快乐。

营造爱的温馨港湾

一天的忙碌工作之后，你的丈夫回到家中，你给他呈现的是怎样的气氛呢？什么样的家庭氛围才能让你的丈夫在每一个清晨都能提高精神，不断努力工作呢？这些问题关系与你丈夫事业的成败密切相关。

克里福特·亚当斯博士曾经写道："家庭对于你的丈夫和你的孩子来说是什么，这完全取决于你的表现。当然丈夫和小孩也有责任，但是起着决定因素的是你创造出来的家庭气氛和环境，以及最重要的一点——你所呈现的榜样的力量。"

为了使丈夫在工作一天之后，有一个好的加油站，他的家庭应该保持轻松、舒适、有秩序、清洁和有着愉快祥和气氛的环境。

一个男人无论多么的喜欢自己的工作，也会感到工作带给他的压力和紧张。在他回家以后，家庭应该做的事是帮助他消除紧张感，为他的心理和情感打气加油，让他能够在第二天精神饱满充满热忱地工作。

做一个好的家庭主妇或许是每个女人的愿望。但是有时候，妻子是个太好的家庭主妇也会让丈夫得不到放松和休息。

我的邻居就是一个这样的女人，在我小的时候，她的孩子不能把自己的玩伴带回家，因为她认为这样就会使她一尘不染的地板被弄脏。为了不让家中的窗帘沾上烟味，她也不允许丈夫回到家中吸烟。她甚至要求丈夫在看完一本书或者报纸的时候，要把它们放回最初放置的地方。你或许会认为她是精神病，但这种情况只会比我们了解的更多。

在美国全国基督家庭生活年会上，精神科的教授勃特·P·奥典华特博士把母亲对于家庭一尘不染的愿望描绘成了"美国文化中最大的压迫"。

乔治·凯利撰写的《克莱格的妻子》几年前获得普利策戏剧奖受到广泛的欢迎。原因就在于生活中很多女人都像哈丽莱特，保持家中绝对的干净是她们生活全部的中心。她们无法忍受朋友的到来把自己的家搞得乱七八糟。

当丈夫的东西随处乱丢的时候，妻子往往都会有一种冲动，拿起一把利器去制止他们。

作为一个聪明的妻子，应该明白家庭是让丈夫放松的地方，可以变成他任性、可爱、自由的地方。

作为一个聪明的妻子，必须要懂得家庭的舒适是男人最需要的。家庭的装饰和布置虽然是女人的工作，但是女人要明白在你眼中小装饰品和精致的毛绒玩具或许是迷人的，但是这会让一个劳累的男人感到厌烦，他需要的是一个去放松脚、去放烟灰缸和烟斗的地方。

那些已经结婚的家伙往往仍然愿意做单身汉，因为女人大都不能把房间布置得像只有自己一个人生活时那样舒适。妻子在布置房间的时候，往往会忽略丈夫对于舒适的需求。梅尔夫人有时候会从国外带可爱的小的瓷器烟灰缸回来。但是她的丈夫到廉价的商店去，买回来好几个大的玻璃的烟灰缸，把它们放在了楼上楼下，当客人来的时候，也使用它们。而妻子买回来的小烟灰缸只是摆设，不是供人使用的。

大部分的男人都希望住在一个收拾干净的房间里。若让他们选择是在收拾整洁的帐篷里还是住在凌乱不堪的漂亮的房子里，他们一定会选择前者。对很多男人来说，他们都是能够忍受自己凌乱，但是无法接受外界环境凌乱的人。那些开饭不准时，早餐的盘子到了晚上还没洗，浴室里放着一堆废物，卧室也不整理的情况，这对于一个男人来说，是会逼迫他们到外面去待着的。

在传统的观念里，家里的氛围主要是女人的责任。丈夫负责外面的工作，而女人就要使你的家庭环境祥和而温馨。

你会为你的丈夫乱弹烟灰而生气吗？那么，就为他多买几个大型的烟灰缸。他常常会把脚放在你心爱的脚凳上吗？那就把它放到客厅，然后替你的丈夫再买几个脚垫。让一个男人在家中感到舒适，是留住一个男人在家里最好的方法。

福星杂志曾做过一项关于公司生活的调查。"我们控制一个人在工作上的环境，但是等他一回到家里，这些就失效了。"这是杂志引用的一位经理说的话。

作为一个女人，当然不希望自己的丈夫被工作包围，或是身体精神全部被工作控制，但同时又希望他们能够在工作中有好的表现。如果妻子能够创造出一个快乐的祥和的环境，在家中等他回去，那么，她们就会达成自己的愿望。

保罗·柏派诺博士担任洛杉矶家庭关系协会的会长。他告诉我说："家庭应该成为男人工作的避难所，使男人能够获得工作业务麻烦之外而得到安宁的地方。工作上，并不像野餐那样简单轻松而愉悦。每天面对竞争对手的男人们，在很多情况下，当下班的铃声响起后，就会想要家庭中的温馨、舒适和爱情。"

女人应该做的就是让丈夫在家中能够过得像个国王，而不是简单的女性王国里的破坏者。女人朝着这个方向努力，往往是十分值得的。

当妻子需要购买一件新的家具或是想要重新装修房间的时候，应该征求丈夫的意见。一起做决定，而不是仅仅把付款单给你的丈夫。有时候你要做出一定的牺牲和退让，为了满足丈夫想要一个摇椅的愿望，就必须学会放弃自己最爱的古典式沙发。

你或许感到不公平或者想要埋怨，但你会慢慢发现，你的丈夫拥有和你一样的对于这个家的深深的爱。如果你能够让他对于更多的事情拥有决定权，那么他将会对于家付出更多的心思。

共同努力升华爱情

"少年犯罪的主要原因之一，是因为小孩子觉得没人爱他。"社会工作专家艾西尔·怀斯先生说。作为纽约市少年家庭董事会秘书，他在麻州社会讨论会上这样表达。

我和我太太认为这种观点是正确的，我们曾对少年感化院的少年犯们讲授了关于人际关系的课程。通过我们对俄克拉荷马州艾尔·雷诺的联邦少年感化院的孩子们进行的观察发现，似乎所有不幸孩子的普遍问题，都源于对于爱心的渴望。

有一个十九岁的男孩子汤米，在孤儿院、监狱和感化院度过了他生命中大部分的时间。他说："我们渴望有人来爱我们，这是我们最需要的。但是从来没有人要爱我或是要我。"这恰恰是他们犯罪的理由。当一个人找不到食物的时候，他会吃下对自己有害的杂物。

爱是一种适当的粮食，滋养着我们的灵魂和成长，如若没有爱，我们的心也会变得扭曲而变质。

爱的潜力是巨大的，像原子能的力量。而爱情会产生奇迹。

你对丈夫的爱，会成为巨大的力量，推着他不断获得成功。一个真正爱自己丈夫的人会尽全力使他感到快乐。

你给你丈夫哪一种爱情，也会影响到你子女的幸福。保罗·柏派诺博士在全美教师家庭联谊会中做了一次轰动的讲演。作为美国家庭关系协会的会长，他说："教师家长联谊会，如果愿意讨论如何使丈夫和妻子更好地相爱，而放弃谈论孩子的事情，或许会让孩子感觉更加的幸福。"

我曾经收到过一封信，是我的一位老朋友的遗孀写来的。她跟我说了很多的事情："吉姆不会再知道我有多么的爱他了。我多么的爱他、需要他。"

可是吉姆永远不会再回来，那些溜走的岁月永远不会回来。

我想这个例子一定不是特殊的。有研究表明，男人认为婚姻不合的第二个原因在于妻子不知道如何表达她们的爱。往往通过唠叨、啰唆的方式让她们的丈夫感到厌烦。

对婚姻关系最具有影响力的专家德洛西·迪克斯说道："妻子常常抱怨，自己的丈夫从不赞美自己，把自己的存在当做理所当然，也从不注意她们身上所穿的衣服，丈夫总是不给她们任何外表看得出来的爱的表现。但当自己用同样冷淡的态度对待他们的时候，丈夫们总是会去追求那些称赞他们英俊、健壮的迷人的女人。通常这个时候，女人会奇怪为什么会这样？爱情的饥渴并不仅仅是女人会患的一种病，男人也会。"

女人应该被爱护、听甜言蜜语，这是每个女人都相信的真理。依我看来，这个说法是真的。大多数的时候，抱怨丈夫忽略她们，同时，不能说甜言蜜语给她们的女人，对自己丈夫的态度，往往也并不十分热情。威廉·柏林吉尔博士描述那些神经质的女人："她们过于爱自己，而不愿分给别人更多的爱。"换句话说，女人对丈夫能够表现出极大的爱心的时候，往往会获得更多的注意力。

有些女人为了得到想要的东西，就故意利用男人对于爱情的渴望，抑制对丈夫的爱心。在马利兰高等法院曾经处理过这样的案例，争论的问题的核心是：妻子能不能因为丈夫不给自己需要的金钱，就不和丈夫说话。法院最后判这个女人败诉，因为一个人不可以对自己的爱情定价。

爱情是精神食粮，男人不能仅仅依靠面包活下去，还需要一块爱情的蛋糕，最好蛋糕上再加一点糖霜。

乔治曾不无夸张地说："我从经验出发，发现爱情和整理好家务往往不能同时做到完美。我认为当一个人的家里谨慎严肃时，那么不用多久你就会发现，丈夫和妻子之间的爱情也像机械化那样，很冰冷。令人温暖的爱情会造成不注意的凌乱，那是一种不期而遇的幸福。一个真挚热情地爱着自己丈夫的人会成为一个完美的家庭主妇。"

当乔治对我说完这些话，我马上就能知道他是个单身汉。但是他的话中也包含着某些正确性，同样值得我们深思。

爱情就是相互的给予，没有什么事情能像互相深爱更让人感到幸福的了。爱情是一种丰富而慷慨的给予。妻子有时会适当地做出让步，但有时候又缺乏精神上的慷慨，譬如对于丈夫从前的女朋友。

当你的丈夫无意间提起他的前女友，你不应表现得太过吝啬而不够慷慨，你应该赞扬她的好处，而不应该说那个女孩子是不是还是扎着辫子说着幼稚的话。如果不能想出一些赞美的话，也应该编造一些。

男人有时很希望妻子对自己说谢谢。在结婚以后，带着妻子在戏院度过一个愉快的晚上时，清晨倒完垃圾时，都希望听到妻子的感谢，因为他希望能够取悦自己的妻子。

作为妻子应该懂得相互谅解和体贴。当你的丈夫想要换上拖鞋休息的时候，你却要出门，这是不可取的。一个对丈夫充满爱的女人，首先想到的是丈夫的需求，会把自己愿望放在第二位。

我的太太很辛苦地才明白这个道理。在我们的蜜月里，我和我的妻子在俄克拉荷马州度过我们婚后的一个星期。我太忙了。我正忙着演讲的时候，我妻子本来还幻想着赞美的语言，罗曼蒂克情调，烛光和小提琴的演奏时，却独自坐在房间里欣赏自己的嫁妆，那时她总对我表现出不悦和发怒。但是，直到她能够学会成长为一个大女孩的时候，她认为自己非常的幸运，婚姻是适合大人的。爱情的意义在于帮助对方提高，也能够不断地发展自己。

卸掉烦恼带着快乐回家

在整个社会中，家庭是社会的细胞，是社会稳定的基石。对于个人而言。家也许只是一桌美味的佳肴、一句轻声的问候、一个暖暖的拥抱……不管加班到多晚，不管走多远，我们的心都在想着回家的路。因为一个温馨的家是心灵的港湾、人生的驿站、人生事业的原动力。

家多好啊，但有的人却不再想回家，因为家里已没有了爱，感觉不到温暖，看不到希望，只有责任。这样的家也就形同虚设。有人说，家是一本难念的经，要念好这本"经"确实需要一定的技巧。

有一个成功的商人，家庭非常幸福美满，他的家里每天都充满了欢声笑语。朋友问他秘诀在哪里，他却说秘诀就是离他家不远的一棵梧桐树。原来刚开始他不想每天带着疲惫的身躯和满脸的愁容回家，就在那棵梧桐树下休息，他远远地看到自己家里明亮的灯光，依稀看到妻子在准备着晚餐，孩子们则绕着妻子追逐打闹，他看着常常会情不自禁地笑起来。可是工作上的烦恼他又能对谁说呢，于是他就把所有的烦恼对着大树说了一通，感觉心情舒畅多了。从那以后，他每天下班对着大树倾诉自己的烦恼，卸掉烦恼后再开开心心地回家。

卸掉烦恼，带着快乐与欢笑回家，家里自然充满笑声。试想一下，如果你带着烦恼，满脸愁容回到家里，家里的人会开心吗？他们会被你不良的情绪所感染，他们怎会快乐起来呢。"家"是一个硬件，"人"才是组成并发挥功用的软件。家庭中的每个人都有责任，让这个我们共同的家和睦，那么请卸掉烦恼，脱去包袱，带着快乐回家。

家庭生活是一门非常复杂的学问，处理好了我们会从中得到幸福和快乐；处理不好，我们的生活会被弄得一团糟。不管你是谁，在处理工作与生活中的两个角色的互换，一定要做到游刃有余。在工作中你可以指点江山，但回到家里就必须平凡随和，对家庭中的每个人都要表露出一份体贴。

美国著名作家海明威出生在美国伊利诺伊州芝加哥郊外橡树园镇一个医生家庭，他的作品影响了整个世界，他曾获得过诺贝尔文学奖。他那篇塑造了铮铮硬汉形象的小说《老人与海》家喻户晓。海明威一生获得了很多荣誉：著名作家、战斗的英雄，他的硬汉形象影响了几代人……但他的爱情和婚姻却并不美满。

海明威一生经历过四次婚姻，尽管婚姻出现问题的原因是复杂多样的，但最主要的恐怕还是海明威那骄傲、强硬、一向习惯女人服从他的硬汉的性格所造成的，他没能正确处理好爱情与事业的关系。

海明威其中一任妻子叫哈德丽，有一次，海明威去了外地办事，哈德丽有空打算去看他。哈德丽想：海明威若有时间，肯定想继续写他未写完的小说。于是，她就带上海明威所有小说的手稿，并把它们都装在了一个手提箱里。不幸的是，这个箱子却在火车上被人偷走了。

因为这个丢失的手提箱，哈德丽都快急疯了。她一见到海明威，就哭了起来，并泣不成声地连声说着："对不起！"海明威并没有安慰他的妻子，他为不得不重新开始他的计划而恼火，他一直想成为一个伟大的作家，而哈德丽的这次过失却影响了他的发展，因此即使是他信赖的妻子，他也无法原谅，不久，他们二人就离了婚。

海明威的另一任妻子玻琳，她为海明威生下两个孩子，在孩子出生时都遭遇难产，而海明威不但不关心、不陪护他的妻子，却因为厌烦孩子的哭闹而两次都把哭叫的婴儿和虚弱的玻琳一起丢在家里，自己去打猎、钓鱼。海明威被家庭和孩子搅得心烦意乱，不久，他在一次宴会上迷恋上了另一个年轻、漂亮的女人，就这样，海明威又结束了他的一次婚姻。

海明威的霸道、征服别人的欲望及自私，注定了他不会有美满的婚姻。

在我们的家庭生活中，要多一点理解，多一点包容，多一份爱心，给对方留一些自由的空间，学会彼此沟通。做一个爱家的人，用心去营造一个美满的家，家才会给我们带来温暖，家才会成为永远温馨的港湾。

注重细节，保持爱情新鲜度

注意生活中的细节，就是对你所敬爱的人，表示你对他（她）的思念，并希望他（她）快乐。而他（她）的快乐也会使你有同样的感觉。

自古以来，鲜花一直是爱情的代言人。它不需要花掉你多少钱，尤其是在花季的时候，在街口、路口，都可以看到卖花的人。顺便问一句，各位是否经常记得带一束鲜花回家给爱人？你或许以为它们都是贵如兰花，或者是你把它们看作了瑶池中的仙草，才不想付出那般的代价，带回去给爱人？

不要等到爱人生病住院时才给她买花。大可以经常买束花送给她，看看有什么效果。乔治·柯汉是百老汇最忙的人，每天都习以为常地打给他母亲两次电话，直到她老人家去世的时候。你以为每次柯汉打电话给母亲，是有什么重要的事情要告诉这位老人家？那你就想错了。他只是在表达自己对母亲的关心，母亲自然也感到很幸福。女人对生日，特别是什么纪念日，都看得十分重要——原因是什么呢？那该是女人心理上一个神秘的谜！

现实生活中，很多男人都把应该记住的日子忘得干干净净。可是有几个"日子"是千万不能忘记的，比方说妻子的生日，或者结婚纪念日。如果不能完全记起来，最重要的，别把妻子的生日忘记。

芝加哥的约瑟夫·沙巴斯法官曾审理过数万件婚姻冲突的案子，并使两千对夫妇重归于好。他说："大部分的夫妇不和，都是起因于许多琐屑的事情。诸如，当丈夫离家上班的时候，太太向他挥手再见，可能就会使许多夫妇免于离婚。"

英国著名诗人劳勃·布朗宁和著名女诗人伊丽莎白·巴瑞特·布朗宁的婚姻，之所以被很多人视作有史以来最美妙的婚姻，并不是因为两人在文学上志同道合，而是因为两人永远不会忙得忘记在一些小地方赞美和照顾对方，正是这个原因，使两人得以保持爱的新鲜。

大多数男人低估了这些小节的重要性。正如盖诺·麦道斯在《评论画报》中一篇文章所说的：美国家庭真需要一些新的花样。例如，床上吃早饭，就是大多数女人喜欢放纵一下的事情。在床上吃早饭，对于女人，就像私人俱乐部对于男人一样，有很大的功效。这就是长久婚姻的真相———连串细琐的小事情。

忽视这些小事的夫妇，就不可能幸福。诗人艾德娜·米蕾在她一首小巧的押韵诗中这样说：并非失去的爱破坏我美好的时光，但爱的失去都是在小小的地方。这是值得记下来的一段好诗。

雷诺州有好几个法院，一个星期有六天工作日，为人们办理结婚和离婚，据不完全统计，每十对男女结婚，就有一对离婚。这些婚姻的破灭，究竟有多少是由于真正的大事引起的呢？真是少之又少。假如你能够从早到晚坐在那里，听听那些不快乐的丈夫和妻子所说的话，你就知道"爱的失去都是在小小的地方"。有若干的男士们，对夫妻间每天发生的琐碎事，都太漠视了。这样长久下去，会忽略了这些事实的存在，婚姻的不幸发生在他们身上也就不难理解了。

现在你可以试着把这几句话写下，贴在你帽子里或是镜子上，使你每天可以看到：很多东西一疏忽就溜掉了，所以，要及时地做那些对人有帮助的事情；要及时地对人表达你的关心。

有千万个家庭，就有千万种生活方式。虽然生活方式各不相同，但这个生活准则需要大家的注意，因为它是家庭幸福和睦的保证。